青少年AI学习之路：从思维到创造

4

丛书主编：俞 勇

人工智能实践

动手做你自己的AI

编著：张惠楚 张伟楠

上海科技教育出版社

图书在版编目(CIP)数据

人工智能实践：动手做你自己的 AI/ 俞勇主编 . —上海：上海科技教育出版社，2019.8
（青少年 AI 学习之路 . 从思维到创造）
ISBN 978-7-5428-7082-7

Ⅰ . ①人… Ⅱ . ①俞… Ⅲ . ①人工智能–青少年读物 Ⅳ . ①TP18-49

中国版本图书馆 CIP 数据核字（2019）第 167787 号

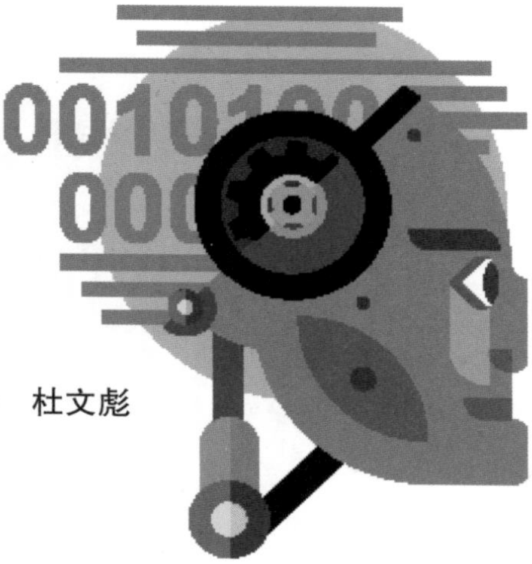

责任编辑 **丁 禕 王丹丹 杜文彪**
装帧设计 **杨 静**

青少年 AI 学习之路：从思维到创造
人工智能实践——动手做你自己的 AI
丛书主编 俞 勇

出版发行 上海科技教育出版社有限公司
（上海市柳州路 218 号 邮政编码 200235）
网 址 www.sste.com www.ewen.co
经 销 各地新华书店
印 刷 上海昌鑫龙印务有限公司
开 本 889 × 1194 1/16
印 张 12
版 次 2019 年 8 月第 1 版
印 次 2019 年 8 月第 1 次印刷
书 号 ISBN 978-7-5428-7082-7/G · 4124
定 价 96.00 元

总序

　　清晰记得，2018年1月21日上午，我突然看到手机里有这样一则消息"【教育部出大招】人工智能进入全国高中新课标"，我预感到我可以为此做点事情。这种预感很强烈，它也许是我这辈子最后想做、也是可以做的一件事，我不想错过。

　　从我1986年华东师范大学计算机科学系硕士毕业来到上海交通大学从教，至今已有33年。其间做了三件引以自豪的事，一是率领上海交通大学ACM队参加ACM国际大学生程序设计竞赛，分别于2002年、2005年及2010年三次获得世界冠军，创造并保持了亚洲纪录；二是2002年创办了旨在培养计算机科学家及行业领袖的上海交通大学ACM班，成为中国首个计算机特班，从此揭开了中国高校计算机拔尖人才培养的序幕；三是1996年创建了上海交通大学APEX数据与知识管理实验室（简称APEX实验室），该实验室2018年度有幸跻身全球人工智能"在4个领域出现的高引学者"世界5强（AMiner每两年评选一次全球人工智能"最有影响力的学者奖"）。出自上海交通大学的ACM队、ACM班和APEX实验室的杰出校友有：依图科技联合创始人林晨曦、第四范式创始人戴文渊、流利说联合创始人胡哲人、字节跳动AI实验室总监李磊、触宝科技联合创始人任腾、饿了么执行董事罗宇龙、森亿智能创始人张少典、亚马逊首席科学家李沐、天壤科技创始人薛贵荣、宾州州立大学终身教授黎珍辉、加州大学尔湾分校助理教授赵爽、明尼苏达大学双子城分校助理教授钱风、哈佛大学医学院助理教授李博、新加坡南洋理工大学助理教授李翼、伊利诺伊大学芝加哥分校助理教授孙晓锐和程宇、卡耐基梅隆大学助理教授陈天奇、乔治亚理工学院助理教授杨笛一、加州大学圣地亚哥分校助理教授商静波等。

　　我想做的第四件事是创办一所民办学校，这是我的终极梦想。几十年的从教经历，使得从教对我来说已不只是一份职业，而是一种习惯、一种生活方式。当前，人工智能再度兴起，国务院也发布了《新一代人工智能发展规划》，且中国已将人工智能上升为国家战略。于是，我创建了伯禹教育，专注人工智能教育，希望把我多年所积累的教育教学资源分享给社会，惠及更多需要的人群。正如上海交通大学党委书记姜斯宪教授所说，"你的工作将对社会产生积极的影响，同时也是为上海交通大学承担一份社会责任"。也如上海交通大学校长林忠钦院士所说，"你要做的工作是学校工作的延伸"。我属于上海交通大学，我也属于社会。

2018年暑假，我们制订了"青少年AI实践项目"的实施计划。在设计实践项目过程中，我们遵循青少年"在玩中学习，在玩中成长"的理念，让青少年从体验中感受学习的快乐，激发其学习热情。经过近半年的开发与完善，我们完成了数字识别、图像风格迁移、文本生成、角斗士桌游及智能交通灯等实践项目的设计，取得了非常不错的效果，并编写了项目所涉及的原理、步骤及说明，准备将其编成一本实践手册给青少年使用。但是，作为人工智能的入门读物，光是一本实践手册远远满足不了读者的需要，于是本套丛书便应运而生。

本套丛书起名"青少年AI学习之路：从思维到创造"，共有四个分册。

第一册《从人脑到人工智能：带你探索AI的过去和未来》，从人脑讲起，利用大量生动活泼的案例介绍了AI的基本思维方式和基础技术，讲解了AI的起源、发展历史及对未来世界的影响。

第二册《人工智能应用：炫酷的AI让你脑洞大开》，从人们的衣食住行出发，借助生活中的各种AI应用场景讲解了数十个AI落地应用实例。

第三册《人工智能技术入门：让你也看懂的AI"内幕"》，从搜索、推理、学习等AI基础概念出发解析AI技术，帮助读者从模型和算法层面理解AI原理。

第四册《人工智能实践：动手做你自己的AI》，从玩AI出发，引导读者从零开始动手搭建自己的AI项目，通过实践深入理解AI算法，体验解剖、改造和创造 AI 的乐趣。

本套丛书的特点：

■ 根据青少年的认知能力及认知发展规律，以趣味性的语言、互动性的体验、形象化的解释、故事化的表述，深入浅出地介绍了人工智能的历史发展、基础概念和基本算法，使青少年读者易学易用。

■ 通过问题来驱动思维训练，引导青少年读者学会主动思考，培养其创新意识。因为就青少年读者来说，学到 AI 的思维方式比获得 AI 的知识更重要。

■ 用科幻小说或电影作背景，并引用生活中的人工智能应用场景来诠释技术，让青少年读者不再感到 AI 技术神秘难懂。

■ 以丛书方式呈现人工智能的由来、应用、技术及实践，方便学校根据不同的需要组合课程，如科普性的通识课程、科技性的创新课程、实践性的体验课程等。

2019 年 1 月 15 日，我们召集成立了丛书编写组；1 月 24 日，讨论了丛书目录、人员分工和时间安排，开始分头收集相关资料；3 月 6 日，完成了丛书 1/3 的文字编写工作；4 月 10 日，完成了丛书 2/3 的文字编写工作；5 月 29 日，完成了丛书的全部文字编写工作；6 月 1 日—7 月 5 日，进行 3—4 轮次交叉审阅及修改；7 月 6 日，向出版社提交了丛书的终稿。在不到 6 个月的时间里，我们完成了整套丛书共 4 个分册的编写工作，合计 100 万字。

在此，特别感谢张伟楠博士，他在本套丛书编写过程中给予了很多专业指导，做出了重要的贡献。

感谢我的博士生龙婷、任侃、沈键和张惠楚，他们分别负责了 4 个分册的组织与编写工作。

感谢我的学生吴昕、戴心仪、周铭、粟锐、杨正宇、刘云飞、卢冠松、宋宇轩、茹栋宇、吴宪泽、钱利华、周思锦、秦佳锐、洪伟峻、陈铭城、朱耀明、杨阳、卢冠松、陈力恒、秋闻达、苏起冬、徐逸凡、侯博涵、蔡亚星、赵寒烨、任云玮、钱苏澄及潘哲逸等，他们参与了编写工作，并在如此短的时间内，利用业余时间进行编写，表现了高度的专业素质及责任感。

感谢王思捷、冯思远全力以赴开发实验平台。

感谢陈子薇为本套丛书绘制卡通插图。

感谢所有支持编写的APEX实验室成员及给予帮助的所有人。

感谢所引用图书、论文的编者及作者。

同时，还要感谢上海科技教育出版社对本丛书给予的高度认可与重视，并为使丛书能够尽早与读者见面所给予的鼎力支持与帮助。

本套丛书的编写，由于时间仓促，其中难免出现一些小"bug"（错误），如有不当之处，恳请读者批评指正，以便再版时修改完善。

过去未去，未来已来。在互联网时代尚未结束，人工智能时代已悄然走进我们生活的当前，应该如何学习、如何应对、如何创造，是摆在青少年面前需要不断思考与探索的问题。希望本套丛书不仅能让青少年读者学到AI的知识，更能让青少年读者学到AI的思维。

愿我的梦想点燃更多人的梦想！

俞 勇

2019年8月8日于上海

目录

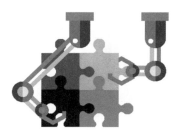

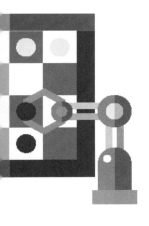

前言

"Talk is cheap，show me the code"，大名鼎鼎的Linux系统创始人林纳斯·本纳第克特·托瓦兹（Linus Benedict Torvalds）在2000年给编写Linux系统核心的成员群发了一封邮件，里面提到了这句话，翻译成中文就是"多说无益，给我看你的代码"。这句名言在计算机科学界广为流传并奉为金句。计算机作为一门实践性很强的学科，理解理论后动手写出可运行的、能看到成果的代码才是硬道理。人工智能是计算机科学中应用场景最多的子学科之一，这更需要学习者在理解原理后，动手实践、应用算法解决实际问题。正所谓"纸上得来终觉浅，绝知此事要躬行"。

所以在2018年的夏天，俞勇教授组建了我们这支编写团队，开始尝试编写针对青少年的项目实践教程。最初的内容包括图像上色、英语语法单选题与角斗士桌游。在教程中，我们努力用最浅显的语言将复杂的人工智能算法讲明白，并且提供了相应的代码和可在线交互的展示。一些中学生看了我们编写的这些教程之后给出了一致的好评，这也让我们产生了将其拓展为一套给青少年看的关于人工智能的丛书的想法。2019年初，我们给这套丛书加入了更多关于实践的内容，引导读者一边理解原理，一边编写代码，理论与实践相结合地认识人工智能。在本书中，我们精心安排了兼顾项目的有趣程度、使用技术的流行程度，以及知识的涵盖程度的项目。在编写方式上，我们也努力精简知识，仅介绍与项目任务相关的必要知识，希望能够让零基础的读者，仅通过阅读本书也能快速地了解用到的算法。对每一种算法，我们都会给出Python代码实现，配合注释与讲解，引领读者一步一步编写人工智能算法。

五个项目各由我们编写团队中的一到两位编者负责，每周俞勇教授与张伟楠教授

都会与编者们开例会、审阅进度，并讨论可以改进的地方。在编写教材的同时，我们还与实验平台的开发人员合作，提供了线上可交互的展示，方便读者理解项目与算法。编写本套丛书前后历时近一年，俞勇教授、张伟楠教授与编者们投入了大量的心血，希望能帮助青少年理解并自己实现人工智能算法，培养对人工智能的兴趣，为将来更深入地探索人工智能打下基础。

从本书中可以读到

我们将通过五个有趣的项目，带领大家在理解原理的同时，动手编写代码，实现自己的人工智能应用。本书的每一部分对应一个项目，它们分别是：

图像识别：图像识别是近几年人工智能浪潮中，发展最快、技术最成熟、落地最早的算法，如生活中常见的车牌识别、人脸识别等都是基于图像识别的技术。在这个项目中，你将了解机器处理图像数据的方法，学习并编写图像识别的两个经典算法：K近邻算法与卷积神经网络，并解决手写数字识别以及物体识别问题。

图像风格迁移：图像风格迁移是一个非常有趣的项目。利用该技术，人们可以将任意一张图片转换成其他风格的图片。一些热门的图像处理软件中就提供了类似功能，比如将照片转化成马赛克风格，甚至是梵高的画作风格。在本项目中，你将尝试用3种图像风格迁移算法进行实践。

文本生成：与文本相关的智能技术随着人工智能浪潮也得到了快速发展。在这个项目中，你将了解机器处理文本数据的方法，并学习和编写3个用于文本生成的算法。使用这些算法，可以让机器生成古诗甚至是文章。

角斗士：角斗士是一款热门的桌面游戏。在这个项目中，你将学习并使用各类搜索算法，制作角斗士游戏的AI。与上面三个项目不同的是，本项目中你将第一次接触到教机器作出决策，让机器作出正确的决策是迈向真正智能的重要一步。

红绿灯调度：大城市中如何缓解交通拥堵是一个广受关注的问题。在这个项目中，就是使用强化学习算法来优化红绿灯的控制，以达到缓解拥堵的目的。强化学习是近几年非常热门的领域，大名鼎鼎的AlphaGo就是使用强化学习算法战胜了所有人类棋手。你将了解强化学习算法的基本概念，并尝试编写强化学习算法来控制路口的红绿灯。

如何使用这本书

本书没有严格的阅读顺序要求，你可以选择自己感兴趣的项目直接阅读，若提到了其他项目中的概念均会给出提示。

除了算法原理，本书还包含了大量示例代码。如果想要理解这些代码，你需要有一些Python基础编程知识，包括变量、循环、函数、类、库的使用等。如果想要入门Python，你可以访问伯禹学堂中的Python基础课程（www.boyu.ai/pythonbasics）。本书的所有代码都基于Anaconda3-5.2.0版本用Python3实现，Anaconda是一个免费的Python发行版，包含了大量常用的库，非常易于安装，强烈建议你在学习过程中安装使用。项目中的代码示例可以在 github.com/boyuai/textbook 下载。另外，本书配有实验平台（www.boyu.ai/playground），为书中涉及的项目提供一个交互式的学习体验。对每个任务，我们提供了体验、调试、理解源码、源码填空、改进源码5个阶段。不同基础背景的读者可以选择不同的阶段入门：零基础的读者可以通过体验算法了解人工智能的魅力，基础较好的读者可以自己编写代码改进算法。我们希望你通过阅读本书，至少可以达到理解项目内容、掌握算法原理和能够进行基本的算法实现的程度。若你对学习人工智能的积极性非常强，希望你能在实验平台上多多地尝试改进代码，并创造属于自己的人工智能算法。

本书的内容仅包含五个项目必备的知识以及代码。如果希望系统地学习人工智能算法，建议阅读本套丛书的第三本《人工智能技术入门——让你也看懂的AI"内幕"》；如果对人工智能的发展历史与未来展望感兴趣，建议阅读本套丛书的第一本《从人脑到人工智能——带你探索AI的过去和未来》；如果对人工智能在生活中的具体应用感兴趣，建议阅读本套丛书的第二本《人工智能应用——酷炫的AI让你脑洞大开》。

致谢

参与本书编写的主要人员有16位，俞勇教授策划并确定本书架构、内容组织及审核，张伟楠博士对全书内容进行专业指导及审核，张惠楚与秋闻达编写第一部分，苏起冬与徐逸凡编写第二部分，侯博涵与蔡亚星编写第三部分，赵寒烨与任云玮编写第四部分，钱苏澄编写第五部分。感谢陈子薇绘制本书的卡通插图，感谢王思捷、冯思远开发实验平台，并感谢任侃、沈键及潘哲逸在编写时提供的帮助。

第 **1** 部分
图像识别

人们每时每刻都在无意识地进行图像识别：识别物体，拿起它们；识别障碍物，避开它们；识别文字，进行阅读理解；识别人脸，进行身份判断。对于人类来说，图像识别是一个自然又简单的过程，从眼睛接受光信号到大脑识别出图像，几乎不需要思考。而对于计算机来说，图像识别就没那么容易了。从计算机被发明以来，科学家们一直期望让计算机能自动识别出图像内容，但是由于算法和硬件方面的限制，计算机的图像识别能力一直远低于人类的水平。直到近几年，随着深度学习的发展，图像识别的效率和准确率得到了大幅度的提升。在近

几年人工智能浪潮中，图像识别是发展最快、技术最成熟、落地最早的算法。车牌识别、人脸识别等诸多基于图像识别的技术正在改变着人们的生活。在本部分中，我们将一起了解机器处理图像数据的原理，编写图像识别的两个经典算法：K 近邻算法与卷积神经网络，并解决手写数字识别以及物体识别问题。

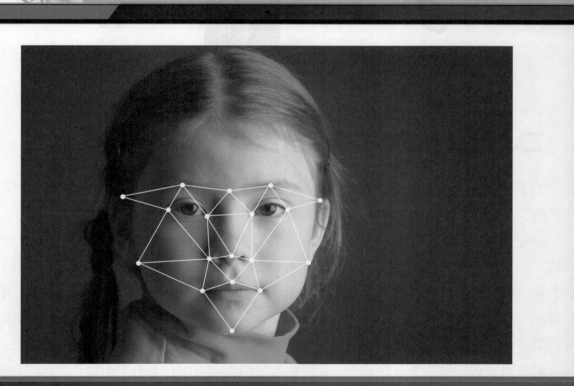

第一章 图像识别的基础知识

在本章中，我们将了解什么是图像识别、图像在计算机中的表达、图像识别的流程以及图像识别中类别的表达方式。此外，我们将编写代码探索图像识别领域中的一些经典数据集。

一、图像识别简介

图像识别，顾名思义就是识别图像的内容。严谨地讲，就是给计算机一张图像，让其判断出图像中的内容。例如给一张手写数字的图像，判断出它是数字几；或是给一张动物的图像，判断是猫还是狗；或是给一张班级里同学的照片，判断出他/她的名字。

识别数字/识别动物

二、计算机如何表示图像

为了让计算机识别图像，我们首先得让计算机"看"到图像。所以在学习图像识别的算法之前，我们要先了解计算机"眼"中的图像是怎样的。

对于用计算机处理图像，你可能并不陌生。使用Windows操作系统自带的画图软件，可以进行一些简单的图像处理工作。此外还有Lightroom、Photoshop之类功能更为强大的图像处理软件，可见计算机处理图像的能力非常强大。你可能听说过，计算机世界里的通用语言是二进制，在计算机的"眼"中，一切都是数字。那么，我们怎样把一张图像转化为机器能处理的数字形式呢？

计算机中的图像主要有两种——位图和矢量图（矢量图在本书中不做介绍）。其中位图是使用像素矩阵来表示图像的一种方法。我们可以把图像分割成一个个小方块，每一个小方块就是一个像素。我们常听到的广告语"2 000万像素，照亮你的美"，所表达的就是图像含有2 000万个小方块。每一个像素都可以描绘一些信息，通常像素越高，图像包含的信息就越多，图像也就越清晰。以黑白照片为例，对于其上每一个像素，都可以用一个数来描述它的灰度（或者亮度）。如果把纯白色记作100，纯黑色记作0，不同的灰色用一个1～99之间的数字表示，这样就把一张图像转化成了一个矩阵，如下图所示。通常灰度会用0～255中的一个数字来表示，这里为了方便理解所以我们用了0～100来举例。

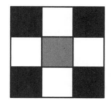

0	100	0
100	50	100
0	100	0

一张含有3×3=9个像素的黑白位图

根据光的三原色原理，我们知道任何颜色的光都可以通过红、绿、蓝三种原色叠加生成，因此我们可以通过描述颜色中红、绿、蓝三种成分的多少来唯一确定一种颜色。换句话说，对于图像中的每个像素，我们都可以用一个包含三个数的数组来描述它的颜色，这就是最常见的RGB色彩模型。RGB分别表示Red、Green和Blue，这三种颜色成分的多少可以分别用一个0～255的数字来表示，以下简记为（R，G，B）。例如（255，0，0），表示这种颜色中红色的成分最多，没有绿色和蓝色的成分，是纯红色，同理（0，255，0）就是纯绿色。我们知道红光和绿光可以叠加成为黄光，那么（255，255，0）就应该是纯黄色。（0，0，0）表示什么颜色都没有，就是黑色，（255，255，255）表示三种颜色的"光强"都达到最大，叠加成为白色。

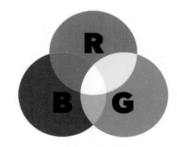

三原色的叠加

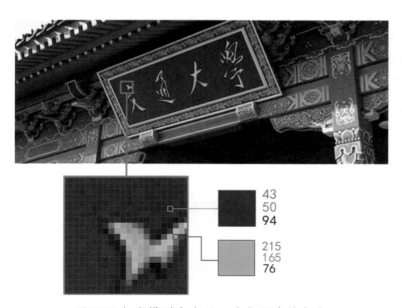

用RGB色彩模型来表示一张位图中的颜色

向量、矩阵、张量与通道

图像的存储方式涉及四个专业术语。

向量：用最简单的方式理解，一个向量其实就是一组数字。如下左图所示。

矩阵：矩阵也是一组数字，与向量有所不同，它由行与列构成。矩阵中的数字都可以用x行y列来定位。一个矩阵的形状由两个整数定义，如下中图的矩阵就是一个大小为（5，5）的矩阵。矩阵可以用来描述灰度图。

张量：张量是一种更广义的概念。如果我们希望排列方式不仅有行和列，还有更多的维度，那么就需要用到张量。向量实际上就是一阶张量，矩阵就是二阶张量，如下右图是一个三阶张量，它的大小是（5，5，3）。三阶张量可以用来描述RGB彩色图。

通道：一张彩色图像通常由一个三阶张量表示，而除了行与列的维度，另外一个维度称为通道。如下右图所示，一张RGB格式的图像，通道数量为3。

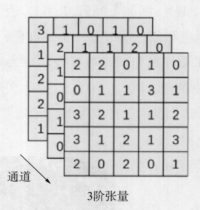

向量
1阶张量

矩阵
2阶张量

通道

3阶张量

向量、矩阵、张量与通道

 思考与实践

1.1 如果有一张 100×100 像素的 RGB 彩色图像，计算机存储这张图像需要存多少个数字呢？

1.2 除了 RGB,每个像素中还可以存储什么信息?

1.3 一张灰度图能否用 3 阶张量表示?如果能的话,该张量的形状是怎样的?通道数量是几?

三、人如何识别图像

在学习如何让计算机识别图像之前,我们先花五分钟时间想一想自己是如何识别图像的。识别图像对人类来说似乎是一种天赋,完全是下意识的行为,识别过程在大脑中自动完成。环视一下你书桌上的各种物体,是不是感觉没有动脑就自动给出了每个物体的名称,因为这些物体对你来说很熟悉,所以识别过程很难被注意到。现在让我们来认真体验一下识别一个新图像的过程。我们将观察一组可能从未见过的图像以及它们的标号,然后为另一组新的图像标号,试着感受一下识别过程。下图是第一组图像。

1号   2号   3号

第一组图像

现在观察第二组图像,为每张图打上编号(1号、2号、3号或者都不是)。感受一下自己识别图像的过程。

第二组图像

公布答案!从左到右分别是:都不是、都不是、3号、2号、1号。其实这些图像都是甲骨文。第一组图像中的1号是龙、2号是车、3号是火。第二组图像的第一张是鸟,第二张是车的另外一种写法。

回想一下刚才的识别过程，你是不是将第二组图像与第一组图像一一做比较，与1号、2号、3号哪个更像，就把它打上相应的标签？如果与这3个都不像，就认为这是一张未知的图像。那么具体怎样才算像呢？请你再尝试一次，感受一下判断像不像的过程。对于这几张甲骨文的图像，我们可能会注重形状上的相似，例如都是瘦瘦长长的，或者都有左右两个圆圈，圆圈中有一个十字，又或者都有三个尖的突起等。其实计算机识别图像的过程与人的判断过程十分类似。计算机也是通过与已有标签的图像做比较，来对新的图像作出判断。与人判断过程不同的是，计算机科学家们会设计算法，来捕捉与图像形状、颜色相关的各种特征，通过这些特征来判断图像的相似度。这个捕捉特征来判断相似程度的算法的效果，能够很大程度决定图像识别的效果。

四、类别的表示方法

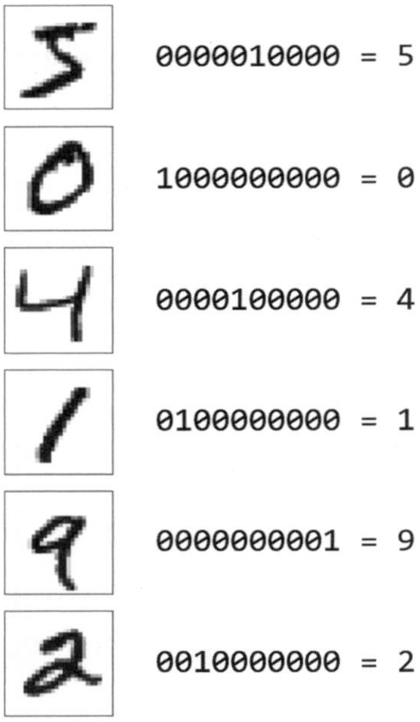

图像识别本质上是个分类问题，也就是给计算机一张图像，让其给出图像所属的类别。在计算机中，类别往往也是用数字表示的。例如一个二分类问题，类别的标签就是0和1，无论分的是猫和狗，还是苹果和香蕉，都可以把其中一种类别标记为0，另一种标记为1。如果类别不止两类，那么就要使用更多数字，例如一个十分类问题，类别的标签就是0～9这十个数字。但是直接使用数字作为标签会有个小问题，那就是数字之间有比较和算术关系，如2>1，5<7，$3 \times 3 = 9$，而标签类别之间并没有这种比较关系，如苹果和香蕉是平级的，不存在苹果大于香蕉，或者梨是西瓜的2倍之类的关系。如果做分类问题时直接让计算机输出一个数字，数字自身的比较和算术关系会影响计算机的判断。所以通常我们会用一种叫独热编码（One Hot Encoding）的方法来代替数字。例如有10个类别，我们就会用10个0或1来表示任何一种类别，其中只有一个位置是1，其余位置都是0，哪一位是1就代表哪个类别，如上图所示。

0000010000 = 5

1000000000 = 0

0000100000 = 4

0100000000 = 1

0000000001 = 9

0010000000 = 2

独热编码示例

五、图像识别领域的经典数据集

我们知道计算机进行图像识别需要先有一些已知的图像，也就是已经被标注了类别的图像。这一节中我们将了解几个经典的图像数据集。

（一）MNIST 手写数字数据集

MNIST数据集是一个非常著名的数据集，很多教程都会使用它，新的分类算法也往往会先在MNIST数据集上做效果测试。MNIST数据集来自美国国家标准与技术研究所（National Institute of Standards and Technology）。该数据集中包含了由250个人手写的数字，其中50%是高中学生，50%来自人口普查局的工作人员。在MNIST数据集中的每张图像都由28×28个像素构成，每个像素用一个灰度值表示。下面我们利用代码对MNIST数据集进行可视化。

首先导入一些必要的库。

- mnist：Keras库中的一个方便我们下载MNIST数据集的类。
- pyplot：Python中常用的画图工具matplotlib的画图类。
- numpy：Python中用于处理各种数值计算的库。

```
# 如果没有安装 keras 和 tensorflow 库
# 请使用 pip install keras tensorflow 安装
from keras.datasets import mnist
from matplotlib import pyplot as plt
import numpy as np
```

输出结果：
```
Using TensorFlow backend.
```

延伸阅读

Keras库

Keras是一个专注于深度学习的库，它建立在一些更加复杂的深度学习框架之上，例如TensorFlow框架，并将其简化，提供了一套快速便捷地构建神经网络的方法。Keras库中还包含了深度学习相关的一些工具，例如常用数据集、数据预处理方法等。

使用Keras的mnist模块下载MNIST数据集，数据集已经被分为训练数据与测试数据，分别包含了输入x（图像）和输出y（对应的数字）。我们将四个数据集的形状打印出来。

```
(x_train, y_train), (x_test, y_test) = mnist.load_data()
print(x_train.shape)
print(y_train.shape)
print(x_test.shape)
print(y_test.shape)
```

输出结果：
```
(60000, 28, 28)
(60000,)
(10000, 28, 28)
(10000,)
```

 概念解析

训练数据与测试数据

已知类别的数据往往会被分为两部分，训练数据与测试数据。其中训练数据是用来训练模型的，训练后得到的模型会在测试数据上进行测试，测试得到的准确性就可以认为是这个算法的效果。你可能会问，为什么不直接用全部数据训练，再用相同的数据测试呢？我们考虑这样一个例子，一个人学习乘法的时候，往往先学习"九九乘法口诀表"，可以靠死记硬背的方式把这81种答案都背下来，这样出任何一道个位数的乘法他都能答对。但是这并不代表他学会了乘法运算，一旦给他一个新的乘法算式，例如12×15，他就答不上来了。同样地，一个模型也可以靠"死记硬背"的方法把它"见过"数据的对应类别都记录下来，但是这并不能反应它的真实效果，我们需要用一些它没有"见过"的数据来测试。

从x_train和y_train的形状可以看出训练数据中包含了60 000个数据点。其中输入x是60 000张用28×28=784像素组成的图像。由于MNIST数据集是灰度图，所以每个像素仅由一个数字表示。输出y是60 000个数字，代表了每一张图像对应的数字。测试数据x_test和y_test中则包含了10 000个数据点。

我们将训练数据中的前10张图像画出来。（有关matplotlib库的详细用法在本书中不作展开，如果感兴趣可以搜索相关教程。）

```
fig, axes = plt.subplots(2, 5, figsize=(10, 4)) # 新建一个包含10张子图2行5列的画布
axes = axes.flatten() # axes中存储了每一个子图
for i in range(10): # 循环10次（画10张图）
    axes[i].imshow(x_train[i], cmap="gray_r") # 将x_train的第i张图画在第i个子图
上, 这里我们用cmap="gray_r"即反灰度图, 数字越大颜色越黑, 数字越小颜色越白
    axes[i].set_xticks([]) # 移除图像的x轴刻度
    axes[i].set_yticks([]) # 移除图像的y轴刻度
plt.tight_layout() # 采用更紧凑美观的布局方式
plt.show() # 显示图像
```

训练数据中的前10张图像

接下来，我们使用下列代码画出0～9的10张对应的手写数字图像。

```
fig, axes = plt.subplots(10, 10, figsize=(20, 20)) # 新建一个包含100张子图的10行
10列的画布
for i in range(10): # 对于每一个数字i
    indice = np.where(y_train == i)[0] # 找到标签为数字i的图像下标
    for j in range(10): # 输出前10张图像
        axes[i][j].imshow(x_train[indice[j]], cmap="gray_r")
        axes[i][j].set_xticks([])
        axes[i][j].set_yticks([])
plt.tight_layout()
plt.show()
```

运行结果如下页图所示，可以看到MNIST数据集中包含了笔画轻重各异、书写风格不同的图像。数据集中的数据多样性很重要，只有计算机"见过"的数据越多，分类才越准确。直观上理解，若计算机"见过"的数字都是右撇子写的，这时给它一个由左撇子书写的数字，那么它大概率会识别错误；如果计算机曾经"见过"左撇子写的数字，那么它识别正确的可能性就会提升。

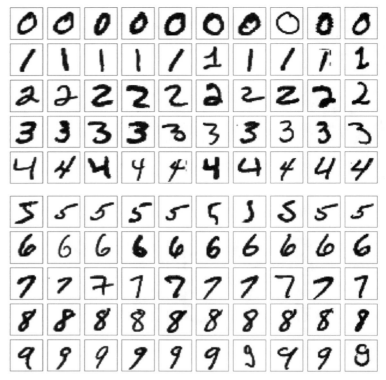

手写数字图像

（二）CIFAR-10 物体识别数据集

CIFAR-10数据集由10类大小为32×32的彩色图像组成，一共包含60 000张图像，每一类包含6 000图像。其中50 000张图像作为训练集，10 000张图像作为测试集。下面我们编写Python代码对CIFAR-10数据集实现可视化。

与前一节中处理MNIST数据集类似，首先导入一些必要的库。

■ cifar10：Keras库中的一个方便下载CIFAR-10数据集的类。

■ pyplot：Python中常用的画图工具matplotlib的画图类。

■ numpy：Python中用于处理各种数值计算的库。

```python
# 如果没有安装 keras 和 tensorflow 库
# 请使用 pip install keras tensorflow 安装
from keras.datasets import cifar10
from matplotlib import pyplot as plt
import numpy as np
```

输出结果：
Using TensorFlow backend.

使用Keras的cifar10模块下载CIFAR-10数据集。这个数据集已经被分为训练数据与测试数据，分别包含了输入x（图像）和输出y（对应的物体类别）。我们将四个数据集的图像打印出来。

```
(x_train, y_train), (x_test, y_test) = cifar10.load_data()
print(x_train.shape)
print(y_train.shape)
print(x_test.shape)
print(y_test.shape)
```

```
输出结果：
(50000, 32, 32, 3)
(50000, 1)
(10000, 32, 32, 3)
(10000, 1)
```

从输出结果中，可以看出CIFAR-10数据集中包含了50 000个训练数据与10 000个测试数据。与MNIST数据集不同，CIFAR-10数据集中的图像是RGB格式的彩色图像，每张图像大小为$32 \times 32 \times 3$，即每张图像含有$32 \times 32 = 1\,024$个像素点，而每个像素点由3个数字组成，分别代表红色、绿色、蓝色通道。输出的y依然由一个数字表示，$0 \sim 9$这10个数字分别代表10类物体。

0：飞机，1：汽车，2：鸟，3：猫，4：鹿，5：狗，6：青蛙，7:马，8：船，9：卡车

我们使用pyplot将训练数据中的前10张图像画出来。

```
fig, axes = plt.subplots(2, 5, figsize=(10, 4))  # 新建一个包含10张子图2行5列的画布
axes = axes.flatten()  # axes中存储了每一个子图
for i in range(10):  # 循环10次（画10张图）
    axes[i].imshow(x_train[i])  # 将x_train的第i张图画在第i个子图上
    axes[i].set_xticks([])  # 移除图像的x轴刻度
    axes[i].set_yticks([])  # 移除图像的y轴刻度
plt.tight_layout()  # 采用更美观的布局方式
plt.show()  # 显示图像
```

训练数据集中的前10张图像

与前一小节中MNIST数据集相似，我们为每一类物体画出10张图像。

```
fig, axes = plt.subplots(10, 10, figsize=(20, 20)) # 新建一个包含100张子图的10行
10列的画布
for i in range(10): # 对于每一类物体
    indice = np.where(y_train == i)[0] #找到标签为i的图像下标
    for j in range(10): # 输出前10张图像
        axes[i][j].imshow(x_train[indice[j]], cmap="gray_r")
        axes[i][j].set_xticks([])
        axes[i][j].set_yticks([])
plt.tight_layout()
plt.show()
```

为每类物体分别画出10张图像

可以看到CIFAR-10数据集中的每一类物体都有形状、颜色、拍摄角度不同的图像，并且图像中还含有一些不相关的元素。

（三）ImageNet 物体识别数据集

如果说MNIST数据集将初学者领进了深度学习领域，那么ImageNet数据集对深度学习的浪潮就起了巨大的推动作用。ImageNet数据集有1 400多万张图像，涵盖2万多个类别，其中有超过百万的图像有明确的类别标注和图像中物体位置的标注。值得一提的是ImageNet数据集中的类别是层次化的，例如动物这个大类可分为哺乳动物、鸟类等子类，哺乳动物又可以往下细分子类。另外，ImageNet数据集中图像的平均分辨率为400×350，远远高于MNIST和CIFAR-10数据集。由于ImageNet数据集非常大，我们就不下载到本地用代码查看了，这里我们可以通过以下图像，对ImageNet数据有个基本的认识。

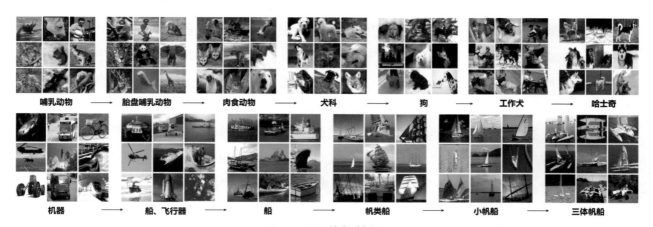

哺乳动物 → 胎盘哺乳动物 → 肉食动物 → 犬科 → 狗 → 工作犬 → 哈士奇

机器 → 船、飞行器 → 船 → 帆类船 → 小帆船 → 三体帆船

ImageNet 数据样例

第二章　K近邻算法

在本章中，我们将要学习K近邻算法的思想和原理，了解图像相似度的计算方法，并使用sklearn库实现K近邻算法，最后我们会简要分析K近邻算法的缺点。

一、算法思想

顾名思义，K近邻（K-Nearest Neighbors）算法就是找到K个最近的邻居，即给定一个已知类别的数据集，对一个新的数据，在已知数据集中找到与该数据最邻近的K个数据，这K个数据中的多数属于哪个类，就把该数据分到这个类中。这就类似于现实生活中少数服从多数的思想。下图是一个K近邻算法分类的示例，蓝色、黄色与黑色是已知的分类。如果出现一个新的数据点（红色正方形），首先，我们要计算它与其他数据的相似度。对于平面上的点，我们用点之间的距离来表示相似度，距离越近，相似度越高。然后，我们找到与红色相似度最高的一些点，如果我们设定K=3，那么就要找到距离新的数据点最近的3个点。发现最近的3个点中，有2个黄色和1个黑色，最后，我们将其分类为黄色。

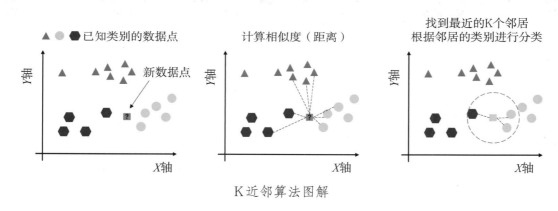

K近邻算法图解

K近邻算法中K的取值问题没有完美的解答，它往往是由经验决定的。在机器学习算法中，常常有一些参数需要算法设计者指定，它们被称为超参数。这里的K就是K近邻算法里的超参数。下面我们看一下K的不同取值对算法结果产生的影响。

下页图展示了K取不同值时的分类结果。图中红色和蓝色的圆圈是已知类别的数据点，背景为红色则代表这片区域的点会被分类为红色，背景为蓝色则被分为蓝色。当K比较小的时候，我们只会对数据点周围很小的一片区域感兴趣，而忽略其他数据。由于我们只关注很小的一片区域，受随机性的影响就会比较大。如左图中，蓝色区域有一小块红色，这是因为这里落入了零星几个红色点，这些红色点可能是由于噪音或其他错误导致的特例。但是因为这些特例的存在，会导致它们周围一片区域都被划分为红色。而事实上，我们可能更希望它们被分为蓝色，因为显然周围蓝色点的数量更多。而当K比较大的时候，我们关注的区域较大，受随机性的影响减小，数据点的微小变化不会引起分类的变化，但与此同时，我们可能会忽略掉某些局部细节。

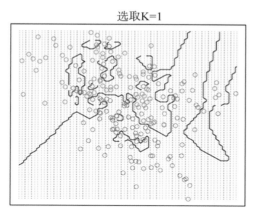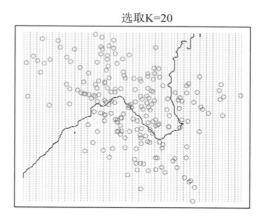

不同的K产生的分类界限

我们再来看一个例子。下图是使用K近邻算法进行手写数字识别的示例。图像右侧显示了与左侧手写数字最相似的3张已知图像。如果选择K=1，那么左边的手写数字就会被错误地分类为5，如果选择K=3，那么由于最近的3个邻居中有2个3，它会被正确地分类为3。在实践中，我们往往会考虑将K取值为3或5。

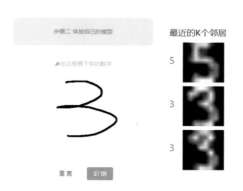

K近邻手写数字识别示例

二、图像相似度

通过"一、算法思想"中的例子，我们了解到平面中两个点之间的相似度可以用它们的距离表达，距离越小代表相似度越高。点之间的距离可以通过勾股定理得到，平面上 a 和 b 两个点的距离可以由下面的公式计算得出：

$$dist(a, b) = \sqrt{(a_1 - b_1)^2 + (a_1 - b_2)^2}$$

其中 a_1，b_1 是 a，b 两点的 x 轴坐标，a_2，b_2 是 a，b 两点的 y 轴坐标。

同理，图像间的相似度也可以利用图像间的距离进行表达。我们知道一张灰度图是由一个矩阵来表示的，那灰度图之间的相似度，则可以用两矩阵间的距离表示。计算两个矩阵之间的距离与计算两个点的距离十分类似，只需要将矩阵对应位置的数字相减（所谓对应位置就是矩阵 A 的第一行第一列对应矩阵 B 的第一行第一列，矩阵 A 的第一行第二列对应矩阵 B 的第一行第二列），将对应数字相减后的平方求和，再取根号，即为两个矩阵间的距离。这个距离又被称为两个矩阵间的欧式距离。我们用 A_{ij} 来代表矩阵第 i 行第 j 列的数字，矩阵 A 和 B 之间的欧式距离下面的公式计算：

$$dist(A, B) = \sqrt{\sum_{ij}(A_{ij} - B_{ij})^2}$$

两张图像对应矩阵的欧式距离越小，那么它们就越相似。

思考与实践

2.1 用这种方式度量两张图像的距离好吗？如果不好，你能举例说明吗？

三、使用 sklearn 库中的 K 近邻算法

了解了 K 近邻算法的原理以及如何计算图像相似度后，我们就可以开始编写代码实现一个简单的手写数字分类器了。这一节我们主要用到 sklearn 库。

延伸阅读

sklearn 库

sklearn 又称 scikit-learn，是一个专注于机器学习任务的库。它包含很多常用的分类、回归和聚类算法，以及机器学习任务中常用的工具和经典的数据集。使用 sklearn 可以简单高效地进行数据预处理、数据分析和训练机器学习算法。sklearn 为不同的算法提供了统一的训练和预测接口，非常方便上手。

首先，导入一些必要的库。

- KNeighborsClassifier：sklearn 库中提供的 K 近邻算法类。
- mnist：Keras 库中包含的一个方便下载 MNIST 数据集的类。
- pyplot：Python 中常用的画图工具 matplotlib 的画图类。
- numpy：Python 中用于处理各种数值计算的库。

```python
# 如果没有安装 keras 和 tensorflow 库
# 请使用 pip install keras tensorflow 安装
from sklearn.neighbors import KNeighborsClassifier
from keras.datasets import mnist
from matplotlib import pyplot as plt
import numpy as np
```

利用 Keras 的 mnist 的模块加载 MNIST 数据集。KNeighborsClassifier 要求输入数据是向量形式的，但是原输入数据是二维的图像，因此，我们使用 reshape 函数将二维的图像展开成一维的向量。

```python
(x_train, y_train), (x_test, y_test) = mnist.load_data()
n_train = x_train.shape[0]  # 训练数据数量
n_test = x_test.shape[0]  # 测试数据数量
print("原输入数据的形状")
print(x_train.shape)
print(x_test.shape)
# 使用reshape方法将图像展开成向量
x_train = x_train.reshape(n_train, -1)
x_test = x_test.reshape(n_test, -1)
print("reshape后输入数据的数据形状")
print(x_train.shape)
print(x_test.shape)
```

```
输出结果：
原输入数据的形状
(60000, 28, 28)
(10000, 28, 28)
reshape后输入数据的数据形状
(60000, 784)
(10000, 784)
```

输出结果显示reshape后的训练数据的输入数据的数据形状为60 000个784（28×28）维的向量。

接下来调用sklearn中的K近邻算法。K近邻算法会接受一个参数 n_neighbors，也就是查看邻居的个数K。我们设定K的值为5，即每次寻找最近的5个邻居。

```
k = 5
knc = KNeighborsClassifier(n_neighbors=k)
```

使用手写数字数据训练K近邻分类器。sklearn库提供了一个非常方便的函数fit，它需要两个参数，输入数据和对应的类别。我们把x_train和y_train作为参数传给函数fit，即可开始K近邻分类器的训练（训练过程需要花一些时间）。

```
knc.fit(x_train, y_train)
```

```
输出结果：
KNeighborsClassifier(algorithm='auto', leaf_size=30, metric='minkowski',
          metric_params=None, n_jobs=None, n_neighbors=5, p=2,
          weights='uniform')
```

训练完毕！我们使用predict方法对测试集中的10 000个数据进行分类，并将分类结果存到y_predict中（预测也需要花一些时间）。

```
y_predict = knc.predict(x_test)
```

将分类结果y_predict与真实的类别y_test进行一一对比，统计分类正确的个数，并计算分类的准确度。

```
accuracy = np.sum(y_predict == y_test) / n_test # 正确为1，错误为0，使用sum求和函数统计分类正确的个数
print("准确度为 %f" % accuracy)
```

输出结果:

准确度为 0.968800

我们仅仅用了不到10行代码,就得到了一个分类准确度为96.88%的手写数字分类器!在机器学习领域,有非常多的个人和组织会将已有的算法实现并打包成库,供他人下载,降低使用算法的门槛。找到并使用这些库,是每个对机器学习感兴趣的人的必备技能。

刚才的10 000张图像中,分错了322张,我们可以使用以下代码显示分错类的图像。

```python
indice = np.random.choice(np.where(y_predict != y_test)[0], size=10)  # 随机选择10张分类错误的图像
fig, axes = plt.subplots(2, 5, figsize=(10, 4))
axes = axes.flatten()
for i, idx in enumerate(indice):
    axes[i].imshow(x_test[idx].reshape(28, 28), cmap="gray_r")
    axes[i].set_xticks([])
    axes[i].set_yticks([])
    axes[i].set_title("y_predict: %d\ny_test: %d" % (y_predict[idx], y_test[idx]))
plt.tight_layout()
plt.show()
```

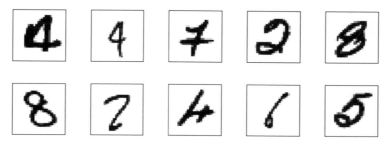

分类错误的图像

y_predict是K近邻算法的分类结果,y_test是正确分类。从中可以看出,分错类的图像基本都是一些歪歪扭扭,与正常写法有较大差异的数字。

四、K近邻算法的缺点

K近邻算法的原理非常简单易懂,效果也不错,但是K近邻算法也有一些明显的缺点。

1. 分类速度慢。如果你运行一遍代码就会发现,在predict过程中,K近邻算法花费了大

量时间。这是因为在每做一次分类时，K近邻算法都要在已知的数据中找到最相似的那些数据，当已知数据规模很大的时候，这个寻找的过程就非常慢。但一般情况下我们又希望已知数据越多越好，否则算法的准确性会降低。虽然有一些索引算法可以加速寻找过程，但总体来说，每做一次分类花费的时间还是不可接受。因此，K近邻算法不适用于一些需要快速出结果的场景。

2. 分类效果依赖于相似度计算的方法。K近邻算法的准确性很大程度依赖于相似度计算方法的准确性，我们目前采用的是简单的欧式距离。这种方法对于规整的黑白手写数字分类效果尚可，但是对于复杂的图像，比如歪扭、不规整的图像或是CIFAR-10中的彩色物体图像，效果就会大打折扣。事实上，我们只要将图像旋转一个角度，目前的相似度计算方法就会出现问题。如下图所示，如果将数字7的图像旋转一个很小的角度，然后将其与未旋转的数字图像叠放在一起，淡灰色的部分就是它们不相同的地方。这时两张图像的欧式距离就不足以反应这两张图像内容上的相似性。

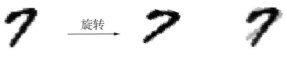

将图像旋转一定角度后产生的差异

第三章 卷积神经网络

近年来，卷积神经网络（Convolutional Neural Networks）的使用让计算机在图像识别领域取得了飞跃式的发展。

■ 2012年，基于卷积神经网络的模型 AlexNet 在 ImageNet 竞赛中获得冠军，正确率超出第二名近10%，让人大跌眼镜。这个表现直接奠定了它在图像识别领域的重要地位。自此以后，图像识别领域的所有最优算法都以卷积神经网络为基础架构。

2014年，牛津大学研究员研发出16层的VGG模型。同年，DeepFace、DeepID模型横空出世，直接将LFW数据库上的人脸识别、人脸认证的正确率刷到99.75%，几乎超越人类。

■ 2016年，大名鼎鼎的AlphaGo也使用了卷积神经网络作为对盘面的评估算法。其实棋盘与图像类似，你可以把棋盘想象成一张像素为 19×19 的图像，每一个像素上有3种取值，分别是黑子、白子、无子。

在本章中，我们将认识神经网络，理解卷积神经网络的原理，了解图像增强的方法，并使用Keras库搭建卷积神经网络。

一、初识神经网络

神经网络是一种模仿人类神经系统而产生的人工智能技术。人类神经系统的基本组成单元是神经元，神经元通过神经突起（树突和轴突）与其他细胞（神经元或者其他种类的细胞）相连构成一个网络，以电信号或者化学信号的方式传递信息。

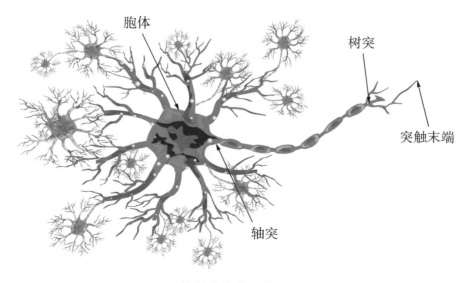

神经元结构示意图

人工神经网络正是受此启发并进行模仿而生成的，人工神经网络的基本组成单元也是神经元。

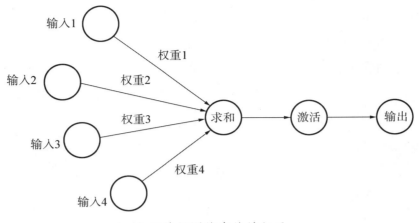

人工神经网络中的神经元

如上图所示，信号以数字的形式在神经元之间传递。一个神经元会接收很多输入（$a_1 \cdots a_n$），每个输入会有一个对应的权重。神经元先对输入进行加权求和，即：

$$sum = w_1 a_1 + w_2 a_2 + \cdots + w_n a_n = \sum_{i=1}^{n} w_i a_i$$

输入加权求和之后，在这个和上作用一个函数 f（激活函数），最终的输出是 $f(sum)$。类比生物学中的神经元，信号从人工神经网络中的上一个神经元传递到下一个神经元的过程中，并不是任何强度的信号都可以传递下去的。信号必须足够强，才能激发下一个神经元的动作电位，使其产生兴奋。激活函数的作用与之类似，例如最简单的激活函数如下图所示。

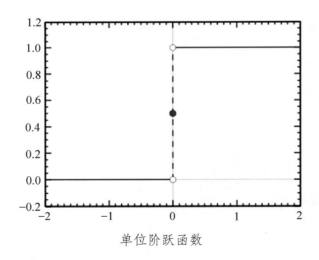

单位阶跃函数

上图是单位阶跃函数。当输入大于0的时候就继续向下一层传递，否则就不传递。这个函数很好地表现了"激活"的意思，但是这个函数是由两段水平线组成的，这个特性会导致一些问题（由于会涉及一些高等数学知识，本书不做详细解释，直观地理解就是这个函数导数大多为0，无法为权重的学习提供指引），所以并不常用。其他一些函数的性质要好一些，因此在神经网络中更为常用。

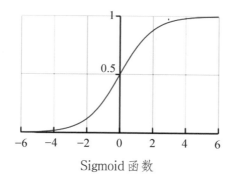

Sigmoid 函数

上图是常用的激活函数——Sigmoid 函数，它的形状与之前的单位阶跃函数类似，但是更加连续光滑，性质更好。

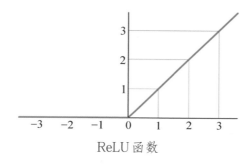

ReLU 函数

上图是另一种常用的激活函数——ReLU 函数，又称线性整流函数。它的形式更加简单，当输入小于0时，输出为0，当输入大于0时，输出与输入相等。

神经网络往往被设计成具有层次性的结构。常见的分为输入层、隐藏层和输出层。如下图所示，从输入层到输出层中间有2个隐藏层。第一个隐藏层中有4个神经元，每个神经元都是对输入加权、求和、再激活后的结果。第二个隐藏层中也有4个神经元，每个神经元都是

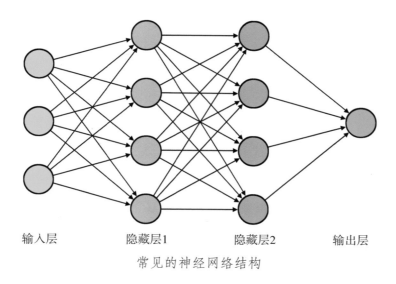

输入层　　　　　隐藏层1　　　　隐藏层2　　　　输出层

常见的神经网络结构

对第一个隐藏层的4个神经元加权、求和、再激活后的结果。这种每一个神经元都由前一层的输出加权、求和、再激活得到的隐藏层，又被称为全连接层。

隐藏层的存在使神经网络结构更加复杂，表现力更加强大，也更加"智能"。

子曰："学而不思则罔，思而不学则殆。"神经网络必须具备学习能力才能够产生实际作用，而神经网络结构本身并不知道"如何分类"，它必须从大量的数据中发现"如何分类"的规律。

学习是一个基于经验不断尝试、不断逼近真理的过程，这对机器来说也一样。学习的时候，我们往往要做大量的练习题，并与标准答案比对，如果和标准答案不一样，说明我们对知识的理解有偏差，需要改正。对神经网络来说也一样，我们准备一些"题目"和"答案"，让它"做题"，然后与"标准答案"对比，再做出调整。在图像识别这个具体的问题中，要完成"出题"的任务，就要用到图像识别领域中的经典数据集。我们准备的许多图像就是"题目"，而图像的已知分类就是"答案"。有了题目，就让神经网络开始"做题"，然后比对做出来的答案和"标准答案"，然后朝着"标准答案"的方向调整。具体来说，我们调整的是连接各个神经元之间的边的权重值。这种有"题目"，有"答案"的学习过程，称为监督式学习。

要说明调整进行的过程需要更进一步的数学知识。但我们可以形象地描述这个过程。定义一个"距离"用来表示神经网络的输出和"标准答案"之间的差距，这个"距离"称为损失函数。向目标靠近，就是要最小化这个损失函数。

解决最小化问题有许多方法。常用的一种方法是基于函数上的点的切线斜率，也就是导数的方法。例如，最简单的一元情况：假设有一个函数 $y=f(x)$，如下图所示，我们任意取曲线上的一点作为起始点，假设为 $(w_1, f(w_1))$，并求得该点处曲线切线的斜率，记为 $f'(w_1)$。为了找到函数的最小值，想象我们在这条光滑的曲线上，沿着斜率的方向向下滑，滑到 w_2 处，其中 w_2 可由以下算式计算得到：

$$w_2 = w_1 - kf'(w_1)$$

其中 k 影响下滑的速度，也称为学习率。可以看出，每经过一次"下滑"，我们就离最小值更进一步。

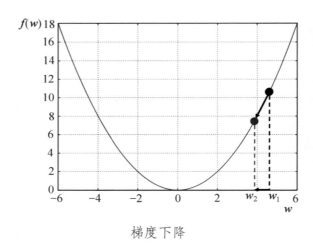

梯度下降

而对于多元函数的情况，我们做一个简化。假设神经网络的输出只依赖于两个参数（二元情况下）x 和 y，设定损失函数为 z。对于每一个（x，y），我们都可以确定一个 z。这种关系类似于地理中的地形图，地形图平面上的每个点都对应着一个高度。对于神经网络而言，损失函数就是高度，而最小化损失函数，就是要找到地形中的最低点。

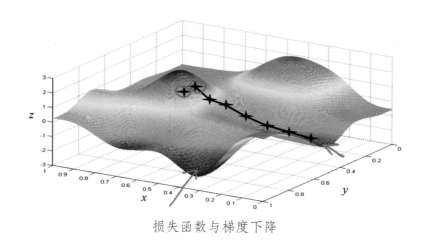

损失函数与梯度下降

假设你在一座光滑的山上，受到重力的作用沿着山坡往下滑，下滑的方向就是山体高度下降最快的方向。很自然地，你会下滑到一个地势较低的"洼地"里，"洼地"的高度比它周围的高度都低，这时候就不能继续下滑了。寻找最小化损失函数的过程就是模拟下滑的过程。我们要通过计算来确定下降最快的方向。

方向确定后，就要考虑一次下滑的距离。因为每次下滑之后位置会发生变化，位置的改变会使"下滑最快的方向"这个信息发生改变，必须重新计算下滑方向。如果每次下滑的距离比较小，那么这条下滑路径就越"细腻""光滑""连贯"，但相应的下滑到低点的速度也越慢，需要的时间更多；如果下滑距离比较大，计算速度比较快，就显得"粗糙"。就好比步子迈太大，很有可能就会不停地跨越并错过"洼地"。所以我们必须选取一个合适的下降速度。决定下降速度快慢的参数叫做学习率。

这种方法有一个弊端，那就是我们找到的"洼地"并不一定就是全局的最小值。洼地只能说明它比周围一圈高度都要低，有可能只是一个局部的最小值。上图中两个红色箭头所指的区域，一个是局部最小值，一个是全局最小值，然而最终得到的是局部最小值，这并不是我们想要的结果。

尽管有这个局限性，但是在绝大多数情况下，这种方法还是很好用的。

二、卷积神经网络详解

（一）卷积层

在 K 近邻算法中，我们利用图像矩阵之间的欧式距离表达图像的相似度，然而这种方法过于表象。我们希望能从图像的灰度值中挖掘出更多的信息，如图像中各个物体的轮廓、边缘信息。下面我们一起了解一种能检测出物体边缘的简单方法。

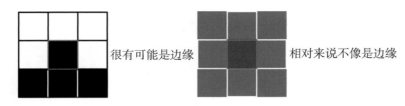

边缘的点的特征

图像中和周围其他像素相比差异较大的像素更有可能是边缘。因此，检测物体边缘的问题可以转化为衡量像素之间灰度的问题。要衡量两个像素之间灰度的差别，只需要将两个灰度相减。要衡量一个像素与周围几个像素的差距，一个很朴素的方法就是把它与上下左右四个像素之间的灰度值的差加起来。

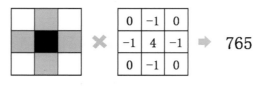

检测图像边缘的运算

而在实际处理灰度图像的操作过程，我们会将图像中每一个像素的灰度值与一个矩阵上对应位置的数值相乘，再对积进行求和，和的值越大，代表越有可能是边缘。这样对于每一个像素都会计算出一个新的数值，从而得到一张新图像，如下图所示。处理后的图像边缘点都被高亮显示，非边缘点变黑。

原图　　　　　　　处理后

应用检测边缘的卷积核前后的图像对比
（为了使效果更加明显，调高了处理后的图像对比度）

获取一张新图像的过程就是挖掘图像特征的过程。这个过程涉及的运算过程被称为卷积，它是一种提取图像特征的方式，其中用到的矩阵又被称为卷积核。利用卷积核对输入图像进行卷积操作后，就会输出一张特征图。

卷积核的大小不一，有 3×3、5×5、7×7 甚至更大的。卷积运算的时候不一定要以每个像素为中心都计算一次，可以每次跳过一定数量的像素再进行计算，这个间隔被称为步长。卷积核中的值不是人工指定的，而是由神经网络学习得到的。

了解了卷积核后，我们用一句话就可以介绍卷积层了。所谓卷积层其实就是使用一个或多个卷积核对输入进行卷积操作。

3	0	0	-1	1	-2
0	1	-1	0	1	0
1	-1	0	1	0	-1
0	-1	1	0	-1	1
1	0	1	-1	0	1
2	1	-1	0	0	3

输入图像6×6

1	-1	1
-1	1	-1
1	1	-1

卷积核3×3

5	-5	3	-1
-6	2	3	-3
0	4	-1	-4
4	0	-3	-1

输出特征图4×4

卷积运算示意图

（二）池化层

池化层的目的是减小输入图像的大小，去除次要特征，保留主要特征。直观上理解，如果一张图像的分辨率变小，我们还是能够看出图像是什么，因为我们还是能够找到图像内容的主要特征，池化层正是基于这样的思想。池化层本身没有可学习的参数。池化层有两种，最大池化和平均池化。确定一个池化层，首先要确定池化的种类，其次是池化的区域大小和步长，这和卷积核大小和步长同理。对于最大池化，它输出的是选择区域内最大的数值；对于平均池化，它输出的是选择区域内数值的平均值，如下图所示。

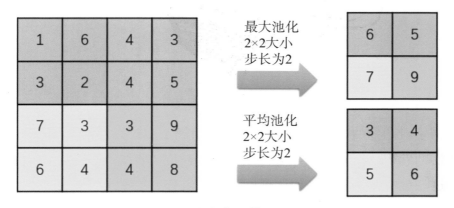

最大池化和平均池化

（三）平铺层

平铺层是一个非常简单的神经网络层，它的作用是将一个二阶张量（矩阵）或三阶张量展开成一个一阶张量（向量）。如下图所示。

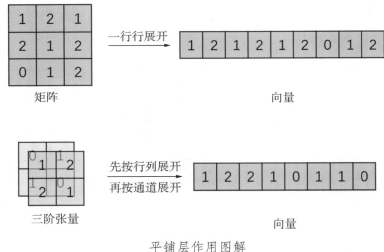

一行行展开

矩阵　　　　　　　　　　　　　　　　　向量

先按行列展开
再按通道展开

三阶张量　　　　　　　　　　　　　　　向量

平铺层作用图解

（四）卷积神经网络

人类视觉系统的信息处理是分级的。首先，视网膜接受视觉信号，大脑中低级的 V1 区进行边缘特征提取，V2 区进行基本形状提取，更高层的前额叶皮层进行分类判断……高层特征由低层特征组合得到，从低层到高层，特征表达越来越抽象化和概念化。

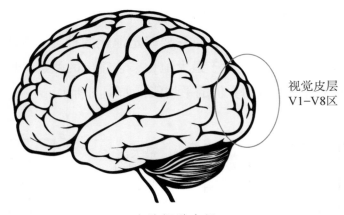

视觉皮层
V1-V8区

大脑视觉皮层

卷积神经网络对图像的处理过程与人类视觉系统信息处理的方式很相似。卷积神经网络的第一个卷积层的卷积核用来检测低阶特征，如边、角、曲线等。第二个卷积层的输入是第一层的输出，这一层的卷积核用来检测低阶特征的组合，如半圆、四边形等。随着层数的增加，对应卷积核检测的特征就更加复杂、抽象，到卷积层达到一定深度时，卷积神经网络模型就可以识别出图像中的物体。下页图是一个经典的卷积神经网络 LeNet 的架构图，从中看出输入图像经过了 2 次卷积层和池化层，然后再经过三个全连接层进行输出，输出数据代表的是属于每个种类的概率。

训练开始时，卷积核中的值都是随机的，它们不能检测到任何特征。就像刚出生的孩子，对任何物体都没有概念，需要学习才能逐步建立概念，卷积神经网络也需要类似的学习过程。

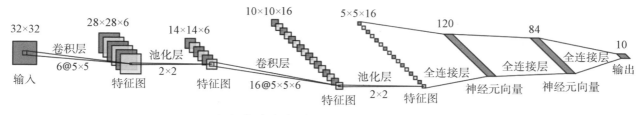

通过训练，不断调整卷积核中的值，使得卷积神经网络能够识别出一些特定的图像特征。下图是对卷积神经网络的可视化，右侧显示了卷积神经网络中每一层的样子，第二行代表的是第一个卷积层，它包含了若干卷积核。可以看出有些卷积核检测朝上的边，有些卷积核检测弯曲的边，有些卷积核检测交点。还有很多卷积核我们无法描述它具体检测的特征。经过学习后，每个卷积核具体检测的特征是没有清晰定义的，并不一定是人类所理解的边、角，但一定是卷积神经网络认为能够帮助它进行图像识别的特征。

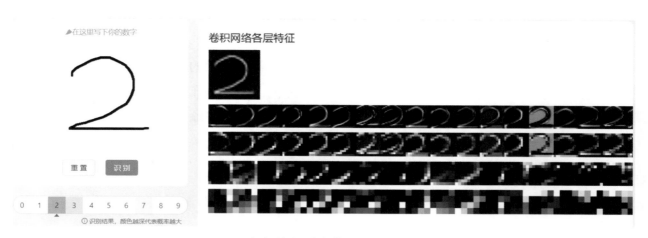

卷积神经网络特征可视化

三、使用 Keras 搭建一个简单的卷积神经网络

了解了卷积神经网络的原理后，我们开始尝试动手搭建一个简单的卷积神经网络。Keras 库提供了非常方便的搭建卷积神经网络的方法，整个过程就像是搭积木一样，将想要的网络层一层一层搭建起来。

首先导入一些必要的库，我们主要会用到 Keras 库。

■ mnist：Keras 库中包含的一个方便下载 MNIST 数据集的类。

■ Sequential：Keras 线性模型框架，可以理解为积木的模板。

■ 神经网络中的一些常用层。

　□ Dense：全连接层。

　□ Flatten：平铺层。

□ Conv2D：二维卷积层。

　　□ MaxPooling2D：二维池化层。

```
# 如果没有安装 keras 和 tensorflow 库
# 请使用 pip install keras tensorflow 安装
import keras
from keras.datasets import mnist
from keras.models import Sequential
from keras.layers import Dense, Dropout, Flatten
from keras.layers import Conv2D, MaxPooling2D
```

　　首先导入MNIST数据集。为了训练卷积神经网络，我们还需要对数据做一些预处理和变换。在Keras库中，图像数据需要以三阶张量的形式输入，而由于MNIST数据集是灰度图，图像是以矩阵形式表达的，因此需要对其进行形状变换。使用reshape函数将输入的每张图像从28×28的矩阵变为$28 \times 28 \times 1$的张量。需要注意的是，原本图像中每个像素的取值是一个$0 \sim 255$的整数，但是图片输入神经网络时，我们一般将其转化为$0 \sim 1$或者$-1 \sim 1$范围的数，因此将输入数据统一除以255。另外对于输出数据，我们不再简单地用一个数字来表示，而是采用独热编码作为输出。Keras提供了一个函数to_categorical来完成这种输出。

```
(x_train, y_train), (x_test, y_test) = mnist.load_data()
width, height = x_train.shape[1], x_train.shape[2] # 获取图像的宽、高
n_train = x_train.shape[0] # 获取训练数据数量
n_test = x_test.shape[0] # 获取测试数据数量
x_train = x_train.reshape(n_train, width, height, 1) # 将输入转为三阶张量
x_test = x_test.reshape(n_test, width, height, 1) # 将输入转为三阶张量
print("reshape后的输入形状")
print(x_train.shape)
print(x_test.shape)
y_train = keras.utils.to_categorical(y_train) # 将输出转为独热编码
y_test = keras.utils.to_categorical(y_test) # 将输出转为独热编码
print("独热化后的输出形状")
print(y_train.shape)
print(y_test.shape)
print("处理前的最大值为%f" % x_train.max())
x_train = x_train / 255 # 将输入转化到0~1范围的数
x_test = x_test / 255 # 将输入转化到0~1范围的数
print("处理后的最大值为%f" % x_train.max())
```

输出结果：

reshape后的输入形状

(60000, 28, 28, 1)

(10000, 28, 28, 1)

独热化后的输出形状

(60000, 10)

(10000, 10)

处理前的最大值为255.000000

处理后的最大值为1.000000

处理完数据后，开始搭建模型。我们使用Keras中的线性（Sequential）模型搭建一个基础的卷积神经网络，该网络的架构如下。

- 二维卷积层：32个5×5的卷积核，使用ReLU作为激活函数。
- 最大池化层：2×2大小的池化核。
- 二维卷积层：32个3×3的卷积核，使用ReLU作为激活函数。
- 最大池化层：2×2大小的池化核。
- 平铺层：将数据形状转为向量。
- 全连接层：隐藏层维度为256，使用ReLU作为激活函数。
- 全连接层：隐藏层维度为10，使用Softmax作为激活函数，输出每个分类的概率。

 概念解析

Softmax

Softmax又称归一化指数函数。所谓归一化就是将原先的输入进行变换，使输出的每个数都在0到1之间，并且使他们的和为1。如果输入的是一个7维向量[1，2，3，4，1，2，3]，经过Softmax后就得到向量[0.024，0.064，0.175，0.475，0.024，0.064，0.175]。这个向量可以被看作概率，每一维上的值代表的就是原向量这一维的值属于这一类的概率。因此在分类问题中，最后一层往往会使用一个维度与类别数量相同、激活函数为Softmax的层作为全连接层。

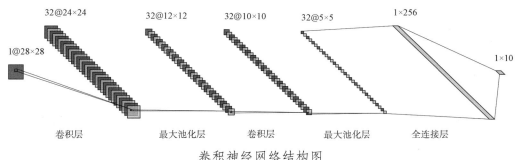

卷积神经网络结构图

在Keras的Sequential模块中，我们可以使用add函数一层层地添加神经网络层。

```
model = Sequential()
model.add(Conv2D(32, (5, 5), activation="relu", input_shape=(width, height,
1)))
model.add(MaxPooling2D(pool_size=(2, 2)))
model.add(Conv2D(32, (3, 3), activation="relu"))
model.add(MaxPooling2D(pool_size=(2, 2)))
model.add(Flatten())
model.add(Dense(256, activation="relu"))
model.add(Dense(10, activation="softmax"))
```

Keras提供的summary函数，可以用于查看模型中每一层的结构及参数个数。

```
model.summary()
```

输出结果：

```
_____
Layer (type)                    Output Shape             Param #
====================================================================
conv2d_1 (Conv2D)               (None, 24, 24, 32)         832
_____
max_pooling2d_1 (MaxPooling2    (None, 12, 12, 32)          0
_____
conv2d_2 (Conv2D)               (None, 10, 10, 32)         9248
_____
max_pooling2d_2 (MaxPooling2    (None, 5, 5, 32)            0
_____
flatten_1 (Flatten)             (None, 800)                 0
_____
dense_1 (Dense)                 (None, 256)              205056
_____
dense_2 (Dense)                 (None, 10)                2570
====================================================================
Total params: 217,706
Trainable params: 217,706
Non-trainable params: 0
_____
```

搭建完卷积神经网络后，需要定义一个优化器，用于找到使损失函数最小的权重，这里我们使用Adam优化器，使用交叉熵（一种用于计算多分类问题误差的函数）作为损失函数，使用准确率作为度量指标，完成模型的搭建。

概念解析

优 化 器

计算机科学家提出了许多复杂的优化器，它们可能使用动态变化的学习率、或者使用更多的导数信息改变权重。Adam优化器和随机梯度下降优化器都是常用且高效的优化器。其中，随机梯度下降优化器与梯度下降法紧密相关，它每次会随机对一定数量的数据点（而非全部数据点）求损失函数，并根据该损失函数的导数信息改变权重。Adam优化器则是随机梯度下降的一种改进。优化时每次选择的数据点数量通常被称为批量大小。

```
model.compile(loss="categorical_crossentropy", optimizer="adam", metrics=
['accuracy'])
```

Keras 提供的 fit 函数用于训练卷积神经网络，将训练的输入与输出（x_train，y_train）传给 fit 函数，指定批量大小为32，训练轮数为10。

一切就绪！开始训练（这会花上一些时间）。

```
model.fit(x_train, y_train, batch_size=32, epochs=5, validation_data=(x_test,
y_test))
```

输出结果：
```
Train on 60000 samples, validate on 10000 samples
Epoch 1/5
60000/60000 [==============================] - 67s 1ms/step - loss: 0.1385
- acc: 0.9562 - val_loss: 0.0446 - val_acc: 0.9862
Epoch 2/5
60000/60000 [==============================] - 66s 1ms/step - loss: 0.0463
- acc: 0.9859 - val_loss: 0.0353 - val_acc: 0.9893
Epoch 3/5
```

```
60000/60000 [==============================] - 187s 3ms/step - loss: 0.0321
- acc: 0.9901 - val_loss: 0.0307 - val_acc: 0.9898
Epoch 4/5
60000/60000 [==============================] - 64s 1ms/step - loss: 0.0233
- acc: 0.9923 - val_loss: 0.0386 - val_acc: 0.9882
Epoch 5/5
60000/60000 [==============================] - 65s 1ms/step - loss: 0.0196
- acc: 0.9935 - val_loss: 0.0323 - val_acc: 0.9909
<keras.callbacks.History at 0x7f35c0992470>
```

训练完毕！我们使用测试数据对训练好的模型进行测试。

```
score = model.evaluate(x_test, y_test)
print("损失为%f" % score[0])
print("准确度为%f" % score[1])
```

输出结果：
```
10000/10000 [==============================] - 3s 269us/step
损失为0.032268
准确度为0.990900
```

输出结果显示，我们搭建的卷积神经网络在测试数据上取得了99.09%的准确率！

四、图像数据增强

有一种观点认为神经网络是靠数据"喂"出来的，如果能够提供海量训练数据，那么，就能够有效提升算法的准确率。而当训练数据有限，又想提升算法准确率时，可以通过对已有训练数据集进行变换生成新的数据的方法，快速扩充训练数据。这种方法被称为"数据增强"。

对图像数据进行变换的方式有很多，最常用的有旋转、平移、水平和竖直翻转。

Keras提供了ImageDataGenerator模块用于进行图像数据增强。我们使用CIFAR-10数据集举例，对原数据进行数据增强。

首先导入一些必要的库。

■ cifar10：Keras库中包含的用于加载CIFAR-10数据集的类。

■ ImageDataGenerator：Keras中用于进行图像数据增强的类。

■ pyplot：Python 中常用的画图工具 matplotlib 的画图类。

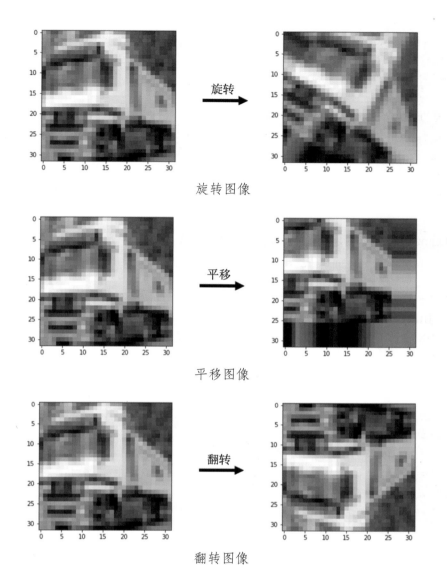

旋转图像

平移图像

翻转图像

```
# 如果没有安装 keras 和 tensorflow 库
# 请使用 pip install keras tensorflow 安装
from keras.datasets import cifar10
from keras.preprocessing.image import ImageDataGenerator
from matplotlib import pyplot as plt
```

输出结果：
```
Using TensorFlow backend.
```

加载 CIFAR-10 数据集，并进行预处理。

```
(x_train, y_train), (x_test, y_test) = cifar10.load_data()
y_train = keras.utils.to_categorical(y_train)
y_test = keras.utils.to_categorical(y_test)
print("独热化后的输出形状")
print(y_train.shape)
print(y_test.shape)
print("处理前的最大值为%f" % x_train.max())
x_train = x_train / 255
x_test = x_test / 255
print("处理后的最大值为%f" % x_train.max())
```

在ImageDataGenerator中定义图像数据增强的方式。

- rotation_range=30，随机旋转不超过30度。

- horizontal_flip=True，随机水平翻转。

- vertical_flip=True，随机竖直翻转。

- width_shift_range=5，随机水平平移不超过5像素。

- height_shift_range=5，随机竖直平移不超过5像素。

```
datagen = ImageDataGenerator(
    rotation_range=30,
    horizontal_flip=True,
    vertical_flip=True,
    width_shift_range=5,
    height_shift_range=5
)
```

选取训练集中一张卡车的图像，用ImageDataGenerator对图像进行五次随机变换，并画出原图及五次随机变换后的图像。

```
origin_image = x_train[1] # 选取原图
# 将原图画出来
plt.imshow(origin_image)
plt.show()
# 对图像作五次随机变换并画出来
fig, ax = plt.subplots(1, 5, figsize=(15, 3))
ax = ax.flatten()
for i in range(5):
    ax[i].imshow(datagen.random_transform(origin_image)) # 使用datagen对图像作
```

随机变换
plt.show()

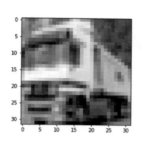

原始图像

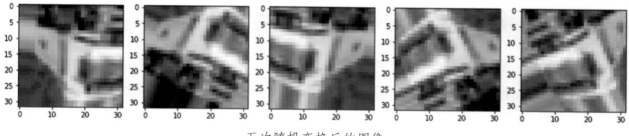

五次随机变换后的图像

在上一节中，我们使用model.fit函数指定训练数据对模型进行训练。要使用增强后的数据代替原数据进行训练，只需要更改这行代码。

```
model.fit(x_train, y_train, batch_size=32, epochs=10)
```

启用图像数据增强时，使用Keras提供的fit_generator函数。它的用法如下。

```
model.fit_generator(datagen.flow(x_train, y_train, batch_size=32), epochs=10)
```

fit_generator接收的第一个参数是datagen.flow（x_train，y_train，batch_size=32），这个参数的意思是使用定义好的datagen对原始输入数据进行变换，生成新的训练数据，每批次生成32个。对生成的训练数据预处理后，我们就可以像之前一样训练模型了。

```
y_train = keras.utils.to_categorical(y_train)
y_test = keras.utils.to_categorical(y_test)
x_train = x_train / 255
x_test = x_test / 255
```

除了以上的五种变换方式，Keras还提供了许多其他的变换方式。此外还可以自己编写变换函数，自定义图像的变换方式。

思考与实践

3.1 你还能想到其他图像数据增强的变换方式吗？

五、使用搭建好的卷积神经网络

以上例子中都是我们自己搭建的卷积神经网络架构，架构的好坏很大程度上会决定算法的效果。许多计算机科学家会将他们发现的效果比较好的架构公开供他人使用。Keras中提供了许多预定义的神经网络架构，在本节中，我们将尝试使用一个经典的卷积神经网络架构——VGG16。

（一）VGG16 简介

VGG16网络由牛津大学的计算机科学家提出，并在2014年的ImageNet图像分类挑战赛中获得第二名。它的结构非常简洁，仅用到了3×3的卷积核以及2×2的池化层。但是它的参数比较多，因此会耗费更多计算资源。VGG16的结构如下图所示。

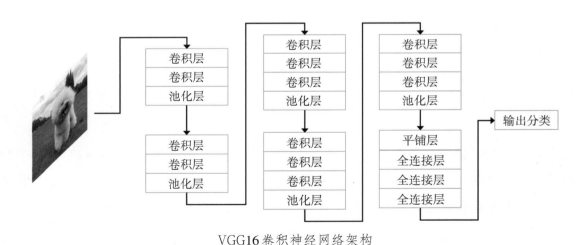

VGG16卷积神经网络架构

（二）在 Keras 中使用 VGG16

首先我们导入一些必要的库。

- cifar10：Keras库中包含的一个方便加载CIFAR-10数据集的类。
- VGG16：Keras中可以直接加载的VGG16模型。
- preprocess_input：VGG16的输入预处理函数。
- Model：Keras的模型类。
- numpy：Python中用于处理各种数值计算的库。

```
# 如果没有安装 keras 和 tensorflow 库
# 请使用 pip install keras tensorflow 安装
import keras
from keras.datasets import cifar10
from keras.applications.vgg16 import VGG16, preprocess_input
from keras.models import Model
import numpy as np
```

载入CIFAR-10数据集并进行预处理。Keras为每个预定义的架构提供了一个preprocess_input方法，用于对输入图像数据进行预处理，可以理解为用preprocess-input方法替代了将每个数字除以255的操作。

```
(x_train, y_train), (x_test, y_test) = cifar10.load_data()
x_train = preprocess_input(x_train)
x_test = preprocess_input(x_test)
y_train = keras.utils.to_categorical(y_train)
y_test = keras.utils.to_categorical(y_test)
```

加载VGG16模型，并指定一些参数。
- weights=None：使用随机初始化的权重。
- input_shape=（32，32，3）：指定输入数据的大小为 $32 \times 32 \times 3$。
- classes=10：指定类别的数量，CIFAR-10中一共有10类物体。

```
model = VGG16(weights=None, input_shape=(32, 32, 3), classes=10)
```

我们使用随机梯度下降sgd优化器，定义损失函数为交叉熵，并使用准确度作为度量。

```
model.compile(optimizer="sgd", loss="categorical_crossentropy", metrics=["accuracy"])
```

使用fit函数训练模型。由于VGG16架构比较大，参数较多，训练会花费较多时间。

```
model.fit(x_train, y_train, batch_size=256, epochs=50, validation_data=
(x_test, y_test))
```

输出结果：

```
Train on 50000 samples, validate on 10000 samples
Epoch 1/50
50000/50000 [==============================] - 60s 1ms/step - loss: 2.2234
- acc: 0.1777 - val_loss: 2.1854 - val_acc: 0.1906
Epoch 2/50
50000/50000 [==============================] - 45s 906us/step - loss: 1.9947
- acc: 0.2783 - val_loss: 1.8952 - val_acc: 0.3038
Epoch 3/50
50000/50000 [==============================] - 45s 906us/step - loss: 1.8264
- acc: 0.3425 - val_loss: 1.7115 - val_acc: 0.3722
Epoch 4/50
50000/50000 [==============================] - 45s 907us/step - loss: 1.6751
- acc: 0.3950 - val_loss: 1.6218 - val_acc: 0.4177
Epoch 5/50
50000/50000 [==============================] - 45s 908us/step - loss: 1.5676
- acc: 0.4382 - val_loss: 1.4892 - val_acc: 0.4670
...
...
...
Epoch 48/50
50000/50000 [==============================] - 45s 909us/step - loss:
5.9696e-05 - acc: 1.0000 - val_loss: 2.2972 - val_acc: 0.7277
Epoch 49/50
50000/50000 [==============================] - 45s 906us/step - loss:
5.4680e-05 - acc: 1.0000 - val_loss: 2.3100 - val_acc: 0.7278
Epoch 50/50
50000/50000 [==============================] - 45s 908us/step - loss:
5.0449e-05 - acc: 1.0000 - val_loss: 2.3215 - val_acc: 0.7274
```

50轮训练完成！从这个过程可以看出使用预定义的VGG16架构，就可以使用非常少的代码在CIFAR-10数据集上获得72%的准确率。这个准确率并没有发挥出VGG16架构的全部实力，因为VGG16架构是为更复杂的Imagenet数据集设计的。相比CIFAR-10数据集，Imagenet数据集的种类更多，图像分辨率也更大。另外，如果使用更多先进的技巧，如图像增强，那么，VGG16架构的准确率将会进一步提升。

本部分小结

　　在本部分中，我们了解了什么是图像识别问题，学习了灰度图、RGB图等图像在计算机中的表示方法，并且编写代码对图像识别的经典数据集进行了可视化。此外，我们还学习了K近邻与卷积神经网络这两种算法的原理、了解了他们的优缺点以及用Python编程实现。

　　图像识别领域的发展非常迅速，新算法层出不穷。希望通过本部分的学习，你能对图像识别和相关的算法有初步的认识。如果你感兴趣，我们非常鼓励你进行更为系统的学习，并且探索更新、更难、更有效的算法。

第2部分
图像风格迁移

现如今，当我们想要记录下眼前的风景时，可以采用手机拍摄的方式；而几百年前的画家，靠的则是画笔和双手。你可曾想过，如果让莫奈这样的名画家用画笔记录下你所看到的风景，那将是一幅怎样的绘画作品呢？

如果你了解 Photoshop 图像处理软件，那么就知道使用软件里面提供的滤镜功能，可以轻松地把照片转化为水彩、油画、炭笔画甚至浮雕等风格的绘画作品。

但是如果要求把照片转换成一幅带有莫奈风格的绘画作品就不是用 Photoshop 能轻易完成的了。或许可以通过不同滤镜的组合来达到效果，但还是比较复杂。然而，一些机器学习算法却能够轻易完成。让我们一起来探究机器学习算法是如何做到的。

第四章　图像风格迁移基础知识

在本章中，我们将一起了解图像风格迁移概念，掌握与图像风格迁移相关的一些基础知识。

一、图像风格迁移简介

风格迁移的两个要素是内容与风格。我们希望达成的效果是，输入一张图像，程序可以把它转化为带有某种特定风格的图像，同时保留图像中原有的内容信息，而这种风格应该是由人工智能从该类风格的图像中学习得到。

风格迁移的效果

二、与图像风格迁移相关的基础知识

与图像风格迁移相关的基础知识有以下四点。

- 有关计算机处理图像的知识（位图、RGB向量、张量）。
- 有关K近邻算法的概念。
- 有关神经网络的内容（激活函数、卷积）。
- 像素级别梯度优化和cycleGAN。

第五章　色彩的模仿——K近邻算法

在本章中，我们将使用K近邻算法进行图像色彩风格迁移，学习如何在计算机中表示和处理图像，并动手实现基于K近邻算法的色彩风格迁移。

一、算法思想

图像的内容是指图像中物体的形状、轮廓等。而图像的风格具有一定的抽象性，你也许能从画面的色彩运用、纹理、质感、笔触、线条等方面感受到图像的风格，却很难给风格下一个具体的定义。我们可以从最简单、直观的风格——色彩入手，试图保持一张图像的内容不变，赋予它另一张图像的色彩风格。技术实现上，需要提取图像的灰度图，然后根据风格图像对灰度图进行上色。为了实现这种做法，我们需要引入Lab色彩空间的概念。

概念解析

Lab色彩空间

色彩空间是对颜色的一种量化描述。通常一种颜色可以用色彩空间中的一个三维坐标表示。例如在计算机上我们可以通过输入RGB的值得到一种具体颜色，这就

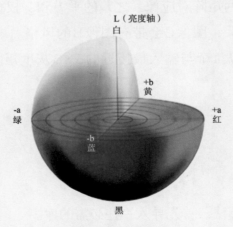

Lab色彩空间

是在RGB色彩空间下对颜色的描述。在处理图像时，除了我们常见的RGB色彩空间，还有一种Lab色彩空间，其中L维度表示亮度，a维度和b维度表示两个颜色通道。一种具体的颜色可以由Lab三个维度上的值来确定。一个像素点可以由Lab三维坐标表示，因此一张由像素点构成的图像（位图）可以由分别来自L通道、a通道和b通道的三个大小相同的矩阵表示。其中L通道的矩阵对应灰度值，a、b通道的两个矩阵对应色彩值。

现有图像A和B，要生成一张图像C，使它具有A的内容和B的风格。将这个问题放到Lab色彩空间下考虑。因为表示亮度的L通道反映了图像的内容，所以让图像C的L通道与图像A的L通道相同就可以把图像A的内容保留下来。如果将风格简单地定义为颜色，那么问题就转换成如何填充图像C的a、b通道使其拥有图像B的风格。因此，风格可以理解为从L通道到a、b通道的映射。如果仅仅考虑单个像素灰度值到色彩值的映射，那么一种灰度值唯一对应到一种色彩值，这样的映射太单一。于是我们需要考虑一个更复杂的映射——以某个像素点为中心的，一个3×3像素矩阵中，9个灰度值到该像素色彩值的映射，如下图所示。

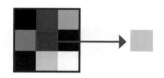

由9个像素的灰度值确定中间像素的色彩值

我们可以采用K近邻算法来实现这个映射。在图像B的L通道中找到k个与输入最接近的3×3灰度矩阵，然后将这k个3×3矩阵中的中心像素的色彩值加权平均得到输出。其中两个3×3灰度矩阵的距离定义为两矩阵对应像素之差的平方和，权重为对应距离的倒数。用这种方法填充图像C的a、b通道后，图像C会带有图像B的风格。事实上，我们也可以让算法学习多张图像的风格，只需扩大k个与输入最接近的3×3灰度矩阵的查找范围到多张图像的L通道即可。

二、代码实现

下面开始动手实现上述算法。首先导入一些必需的库。

- numpy：用于处理各种数值计算。
- skimage：用于读入、保存图像以及RGB模式和Lab模式的相互转化。

- sklearn：提供K近邻算法的接口。

```
import numpy as np
from skimage import io, data
from skimage.color import rgb2lab, lab2rgb
from sklearn.neighbors import KNeighborsRegressor
import os

# data_dir是放置风格图像的目录
data_dir = "knn_data/"
# input_path是内容图像的路径
input_path = "input.jpg"
# output_path是输出图像的路径
output_path = "output.jpg"
# 设置灰度矩阵的大小为2*size+1
size = 1
```

读入图像，返回图像中所有3×3灰度矩阵到中心点色彩值的映射关系。

```
# 读入风格图像，得到X, Y
# X：储存3*3像素格的灰度值
# Y：储存中心像素格的色彩值
# X, Y构成了从3*3像素格的灰度值到中心像素格色彩值的映射
def read_style_image(file_name):
    img = rgb2lab(io.imread(file_name))
    w, h = img.shape[:2]
    X = []
    Y = []
    for x in range(size, w - size):
        for y in range(size, h - size):
            X.append(img[x - size : x + size + 1, y - size : y + size + 1,
0].reshape(-1))
            Y.append(img[x, y, 1:])
    return X, Y
```

读取若干张图像构建数据集。

```
# 读取所有data_dir目录下的风格图像，建立从3*3像素格的灰度值到中心像素格色彩值的映射
# number限制了读入风格图像的最大数目
def create_dataset(data_dir=data_dir, number=1):
```

```
    X = []
    Y = []
    n = 0
    for file in os.listdir(data_dir):
        print("reading", file)
        X0, Y0 = read_style_image(os.path.join(data_dir, file))
        X.extend(X0)
        Y.extend(Y0)
        n += 1
        if n >= number:
            break
    return X, Y

print("reading data")
X, Y = create_dataset()
print("finish reading")
```

建立K近邻算法模型,设置超参数k=4,即预测的色彩值是与其最近的4个点的色彩值的加权平均,其权重与距离的倒数成正比。

```
# 调用sklearn的K近邻算法接口
nbrs = KNeighborsRegressor(n_neighbors=4, weights='distance')

print("start fitting")
nbrs.fit(X, Y)
print("finish fitting")
```

处理内容图像得到若干3×3的灰度矩阵。

```
# 获取内容图像的所有3*3像素格的灰度值
def split_origin_image(img, size=size):
    w, h = img.shape[:2]
    X = []
    for x in range(size, w - size):
        for y in range(size, h - size):
            X.append(img[x - size : x + size + 1, y - size : y + size + 1,
0].reshape(-1))
    return X
```

根据K近邻算法得到色彩风格迁移后的图像。

```
# 重建图像
def rebuild(file_name, size=size):
    img = rgb2lab(io.imread(file_name))
    w, h = img.shape[:2]
    photo = np.zeros([w, h, 3])
    X = split_origin_image(img)
    print("start predicting")
    # 用K近邻算法预测出生成图像的ab通道的值
    p_ab = nbrs.predict(X).reshape(w - 2 * size, h - 2 * size, -1)
    print("finish predicting")
    for x in range(size, w - size):
        for y in range(size, h - size):
            photo[x, y, 0] = img[x, y, 0]
            photo[x, y, 1] = p_ab[x - size, y - size, 0]
            photo[x, y, 2] = p_ab[x - size, y - size, 1]
    return photo

new_photo = rebuild(input_path)
# 保存输出图像
io.imsave(output_path, lab2rgb(new_photo))
```

借助K近邻算法，我们尝试用梵高的风格来渲染一张黄浦江的照片，得到的结果如下图所示。

使用K近邻算法的色彩风格迁移

由于我们将风格定义为色彩运用，忽略了纹理、质感、笔触等风格化的因素，因此，利用K近邻算法进行风格迁移具有一定的局限性。为了更好地从图像中提取到内容表示和风格表示，下一章节我们将利用深度神经网络进行风格迁移。

第六章　像素级别梯度优化

在本章中，我们将用像素级别的梯度优化进行风格迁移。从卷积神经网络中提取出图像的内容表示和风格表示，用梯度下降的方法最小化内容损失和风格损失，将不同图像的内容和风格融合在一起。在此过程中了解卷积神经网络是如何"理解"图像的。

一、算法思想

卷积神经网络在计算机视觉领域有着广泛的应用，例如人脸识别、图像分类、无人驾驶等。在第一部分的图像识别项目中，相信你已经体会到卷积神经网络的神奇魅力。有趣的是，以图像识别为目的训练出来的卷积神经网络也可以用于图像风格迁移。因为，为了完成图像识别的任务，卷积神经网络必须"理解"图像，从图像中提取特征。一般来说，卷积层的特征图（feature map）蕴含着这些特征，对特征图进行适当的处理，就可以提取出图像的内容表示（content representations）和风格表示（style representations），进而进行图像风格迁移。

概念解析

特 征 图

特征图是一个卷积核作用于上一层神经网络后的输出。特征图蕴含着卷积核提取出的关于图像的信息。下图是不同卷积层输出的特征图的可视化。

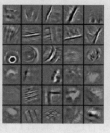

特征图的可视化

如果将提取出来的内容表示和风格表示分别用于重建图像的内容和风格，可以得到如下页图所示的结果。

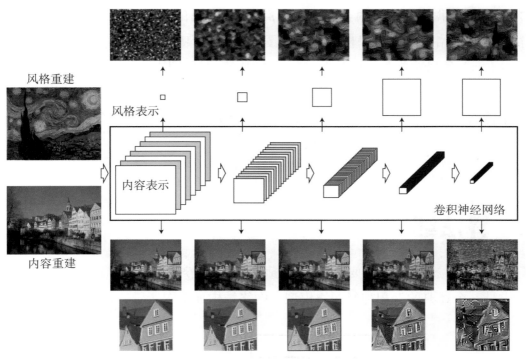

用特征图进行内容重建和风格重建

在内容重建中，用较深的卷积层的输出，可以保留原图像的内容。同理，在风格重建中，可以保留原图像的风格。这意味着，对一张图像来说，其内容和风格是可分的。可以从卷积层输出中抽取、分离图像的内容表示和风格表示。更进一步，将不同风格和内容的图像融合。

2015年，Gatys等人展示了如何从一个预训练的，用于图像识别的卷积神经网络中提取出图像内容表示和风格表示，并将不同图像的内容和风格融合在一起生成一张全新的图像。具体方法如下图所示。

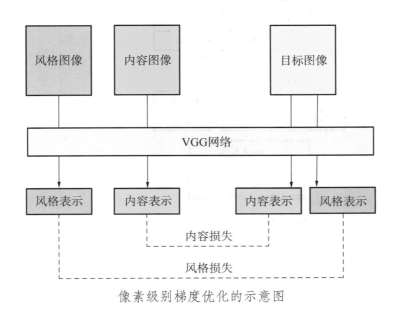

像素级别梯度优化的示意图

为方便起见，我们记提供内容的图像为$\vec{p}$，提供风格的图像为$\vec{a}$，生成的图像为$\vec{x}$。把图像输入卷积神经网络，我们可以根据其特征图抽取出内容表示和风格表示，然后定义内容损失（content loss）和风格损失（style loss），分别用来描述不同图像的内容表示和风格表示是否接近原图。生成新图像的流程：首先，将$\vec{x}$的所有像素都随机初始化，然后用梯度下降算法更新每一个像素的值，使得$\vec{x}$和$\vec{p}$的内容损失以及$\vec{x}$和$\vec{a}$的风格损失尽可能小。经过若干轮迭代后，$\vec{x}$将会渐渐学习到$\vec{p}$的内容和$\vec{a}$的风格。

二、算法细节

为了实现风格迁移，首先要选取一个预训练好的卷积神经网络。这里我们选用的是VGG16。它是一个经典的卷积神经网络模型，网络结构如下图所示。

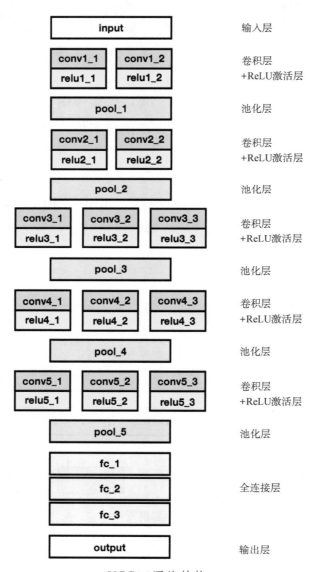

VGG16网络结构

VGG16由13个卷积层、5个池化层和3个全连接层组成。下面我们将要从这个网络结构中提取内容表示与风格表示，并定义对应的内容损失和风格损失。

（一）内容表示

卷积核能够检测和提取图像的特征。如下图所示，卷积层输出的特征图反映了图像的内容。因此，我们用特征图作为图像的内容表示。

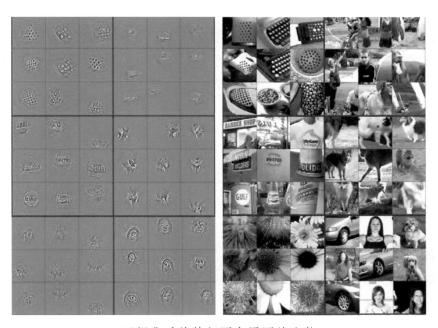

可视化后的特征图和原图的比较

用具体的数学公式表示时，如果输入一个图像，那么，每进入一个卷积层，卷积核就会对它进行一次编码。一个有N_l个卷积核的卷积层l输出N_l个大小为M_l的特征图，其中M_l是该特征图的长乘宽的积。卷积层l的内容表示可以写成一个矩阵$F^l \in R^{N_l \times M_l}$（该矩阵有$N_l$列，每一列都是特征图展平后得到的$M_l$维向量）。记$\vec{p}$为原图，$\vec{x}$为随机生成的图像，$P^l$和$F^l$是$\vec{p}$和$\vec{x}$各自在卷积层$l$的内容表示，那么内容损失函数可以定义为这两个内容表示之差的平方和：

$$L_{content}(\vec{p}, \vec{x}, l) = \frac{1}{2} \sum_{i,j} (F_{ij}^l - P_{ij}^l)^2$$

为了使生成图像保留原图的内容，我们将内容损失函数作为目标函数。从一张随机生成的图像开始，利用梯度下降最小化内容损失，我们就可以得到一张与原图内容相似的图像。

（二）风格表示

卷积神经网络中的特征图可以作为图像的内容表示，但无法直接体现图像的风格。为了定义风格表示，我们需要引入格拉姆矩阵（Gram matrix）。设 $F^l \in R^{N_l \times M_l}$ 是卷积层 l 的内容表示，格拉姆矩阵 $G^l \in R^{N_l \times M_l}$ 由展平后的特征图（$F_{i1}^l, F_{i2}^l, \cdots, F_{iM_l}^l$）两两作内积：

$$G_{ij}^l = \sum_k F_{ik}^l F_{jk}^l$$

从直观上看，格拉姆矩阵反映了特征图之间的相关程度。我们将图像在卷积层 l 的风格表示定义为它在卷积层 l 的格拉姆矩阵（格拉姆矩阵之所以能反映图像的风格，涉及比较复杂的数学知识，如果有兴趣可以进一步探索，本书不作讲解）。设 A^l 和 G^l 是原图 $\vec{a}$ 和生成图像 $\vec{x}$ 在卷积层 l 的风格表示，那么卷积层 l 的风格损失为：

$$E_l = \frac{1}{4N_l^2 M_l^2} \sum_{i,j} (G_{ij}^l - A_{ij}^l)^2$$

总的风格损失是各卷积层风格损失的加权平均：

$$L_{style}(\vec{a}, \vec{x}) = \sum_{l=0}^{L} w_l E_l$$

这里 w_l 是各卷积层风格损失的权重值。为了让生成图像拥有原图的风格，我们将风格损失函数作为目标函数，从一张随机生成的图像开始，利用梯度下降最小化风格损失，让生成图像与原图风格一致。

（三）目标函数

为了让生成图像 $\vec{x}$ 兼具内容图像 $\vec{p}$ 的内容和风格图像 $\vec{a}$ 的风格，我们将内容损失和风格损失的加权平均作为目标函数，即

$$L_{total}(\vec{p}, \vec{a}, \vec{x}) = \alpha L_{content}(\vec{p}, \vec{x}) + \beta L_{style}(\vec{a}, \vec{x})$$

这里在计算内容损失时选定了卷积层 conv4_2，计算风格损失时选定了卷积层 conv1_1，conv2_1，conv3_1，conv4_1 和 conv5_1（卷积层的记号参见 VGG16 网络结构）。

三、代码实现

利用现有的 keras、numpy、scipy 等库完成像素级别梯度优化的风格迁移。
首先导入需要的库和函数。

- numpy：用于处理数值计算。
- load_img，img_to_array，preprocess_input，imsave：用于图像处理和保存。
- VGG16：预训练的用于图像识别的卷积神经网络模型。
- fmin_l_bfgs_b：scipy 提供 L-BFGS 算法接口。

```python
import numpy as np
from keras.preprocessing.image import load_img, img_to_array
from keras import backend as K
from keras.applications.vgg16 import preprocess_input, VGG16
from scipy.optimize import fmin_l_bfgs_b
from scipy.misc import imsave
import time

# 设置内容图像和风格图像的路径
content_image_path = 'content.jpg'
style_image_path = 'style.jpg'

# 设置固定的图像大小
w, l = load_img(content_image_path).size
length = 512
width = int(w * length / l)
```

（一）预处理

加载图像，并将图像转化为张量。

```python
# 预处理图像
def preprocess_image(image_path):
    image = load_img(path=image_path, target_size=(length, width))
    image = img_to_array(image)
    image = np.expand_dims(image, axis=0)
    image = preprocess_input(image)
    return image
```

将内容图像、风格图像和生成图像转化为张量并拼接在一起。

```python
# 设置内容图像和风格图像的路径
content_image_path = 'content.jpg'
style_image_path = 'style.jpg'
```

```
# 获取内容图像和风格图像的张量表示
content_image = K.variable(preprocess_image(content_image_path))
style_image = K.variable(preprocess_image(style_image_path))

# output_image用于存放生成的图像
if K.image_data_format() == 'channels_first':
    output_image = K.placeholder((1, 3, length, width))
else:
    output_image = K.placeholder((1, length, width, 3))

# 将三个张量拼接为单个张量
input_tensor = K.concatenate([content_image, style_image, output_image],
axis=0)
```

加载VGG16网络模型。

```
# 使用预训练的ImageNet的权重构建VGG16网络
model = VGG16(input_tensor=input_tensor,
              weights='imagenet', include_top=False)
print('Model has been loaded.')

# 将模型每一层的名字和输出放到一个字典里
output_dict = dict([(layer.name, layer.output) for layer in model.layers])
```

（二）计算损失函数

如果损失函数中只有内容损失和风格损失，那么生成图像有可能会过度拟合原图的内容或者风格，使得生成图像的相邻像素之间差异较大，看起来不自然，这种现象被称为"过拟合"。为了防止这种现象，保证图像局部的一致性，我们引入总变化损失（total variation loss）的概念。因此，最终的损失函数是内容损失、风格损失和总变化损失的加权平均。

设置各损失函数的权重。

```
# 设置内容损失、风格损失和总变化损失各自的权重
content_weight = 0.5
style_weight = 1.0
total_variation_weight =  1.0

# 设置总损失
loss = K.variable(0.0)
```

6.1 你可以尝试赋予各损失函数不同的权重比例，观察其对生成图像的影响。

计算内容损失并加到总损失中。

```python
# 计算内容损失
def get_content_loss(content_features, output_features):
    return 0.5 * K.sum(K.square(output_features - content_features))

# 取conv4_2的输出作为内容表示
layer_feat = output_dict['block4_conv2']
content_feat = layer_feat[0, :, :, :]
output_feat = layer_feat[2, :, :, :]
# 将内容损失加入到总损失中
loss += content_weight * get_content_loss(content_feat, output_feat)
```

计算风格损失并加到总损失中。

```python
# 计算图像张量的格拉姆矩阵，用于捕捉图像的风格
def get_gram_matrix(x):
    if K.image_data_format() == 'channels_first':
        feature_matrix = K.batch_flatten(x)
    else:
        feature_matrix = K.batch_flatten(K.permute_dimensions(x, (2, 0, 1)))
    gram_matrix = K.dot(feature_matrix, K.transpose(feature_matrix))
    return gram_matrix

# 计算单个卷积核的风格损失
def get_style_loss(style_features, output_features):
    G = get_gram_matrix(style_features)
    A = get_gram_matrix(output_features)
    if K.image_data_format() == 'channels_first':
        channel_number = int(style_features.shape[0])
        size = int(style_features.shape[1] * style_features.shape[2])
    else:
        channel_number = int(style_features.shape[2])
        size = int(style_features.shape[0] * style_features.shape[1])
    return K.sum(K.square(G - A)) / (4. * (channel_number ** 2) * (size ** 2))
```

```
# 选择conv1_1, conv2_1, conv3_1, conv4_1, conv5_1五个卷积层的输出计算风格损失
layer_names = ['block1_conv1', 'block2_conv1',
               'block3_conv1', 'block4_conv1',
               'block5_conv1']

# 计算各个卷积层的风格损失并加入到总损失中
for layer_name in layer_names:
    layer_feat = output_dict[layer_name]
    style_feat = layer_feat[1, :, :, :]
    output_feat = layer_feat[2, :, :, :]
    single_style_loss = get_style_loss(style_feat, output_feat)
    loss += (style_weight / len(layer_names)) * single_style_loss
```

计算总变化损失并加到总损失中。

```
# 计算总变化损失
def get_total_variation_loss(x):
    # 总变化损失是相邻像素值之差的平方和
    if K.image_data_format() == 'channels_first':
        a = K.square(x[:, :, :length - 1, :width - 1] - x[:, :, 1:, :width -
1])
        b = K.square(x[:, :, :length - 1, :width - 1] - x[:, :, :length - 1,
1:])
    else:
        a = K.square(x[:, :length - 1, :width - 1, :] - x[:, 1:, :width - 1,
:])
        b = K.square(x[:, :length - 1, :width - 1, :] - x[:, :length - 1,
1:, :])
    return K.sum(K.pow(a + b, 1.25))

# 在总损失中加入总变化损失
loss += total_variation_weight * get_total_variation_loss(output_image)
```

（三）梯度优化

构建一个计算损失和梯度的类Evaluator。

```
# 得到生成图像关于目标函数的梯度
grads = K.gradients(loss, output_image)

outputs = [loss]
```

```
if isinstance(grads, (list, tuple)):
    outputs += grads
else:
    outputs.append(grads)


f_outputs = K.function([output_image], outputs)
```

计算损失函数以及梯度
```
def eval_loss_and_grads(x):
    if K.image_data_format() == 'channels_first':
        x = x.reshape((1, 3, length, width))
    else:
        x = x.reshape((1, length, width, 3))
    outs = f_outputs([x])
    loss_value = outs[0]
    if len(outs[1:]) == 1:
        grad_values = outs[1].flatten().astype('float64')
    else:
        grad_values = np.array(outs[1:]).flatten().astype('float64')
    return loss_value, grad_values
```

用于计算损失函数和梯度的类
```
class Evaluator(object):

    def __init__(self):
        self.loss_value = None
        self.grad_values = None


    # 计算损失函数以及梯度，返回损失函数
    def loss(self, x):
        assert self.loss_value is None
        loss_value, grad_values = eval_loss_and_grads(x)
        self.loss_value = loss_value
        self.grad_values = grad_values
        return self.loss_value


    # 将已经计算好的梯度返回
    def grads(self, x):
        assert self.loss_value is not None
        grad_values = np.copy(self.grad_values)
        self.loss_value = None
        self.grad_values = None
        return grad_values
```

　　用L-BFGS算法进行迭代，最小化损失函数，生成的图像逐渐学习到内容图像的内容和风格图像的风格。在每一轮迭代后保存新生成的图像。

L-BFGS

Limited-memory BFGS（L-BFGS）是一种解无约束非线性规划问题最常用的方法，具有收敛速度快、内存开销少等优点，在机器学习各类算法中常有它的身影。

```python
# 将张量转化为图像
def postprocess_array(x):
    if K.image_data_format() == 'channels_first':
        x = x.reshape((3, length, width))
        x = x.transpose((1, 2, 0))
    else:
        x = x.reshape((length, width, 3))
    # BGR三个通道各自加上像素平均值
    vgg_mean = [103.939, 116.779, 123.68]
    for i in range(3):
        x[:, :, i] += vgg_mean[i]
    # 将BGR转化为RGB
    x = x[:, :, ::-1]
    x = np.clip(x, 0, 255).astype('uint8')
    return x


# 实例化Evaluator类
evaluator = Evaluator()


# 随机初始化目标图像
if K.image_data_format() == 'channels_first':
    x = np.random.uniform(0, 255, (1, 3, length, width)) - 128.
else:
    x = np.random.uniform(0, 255, (1, length, width, 3)) - 128.


# 设置迭代轮数
iterations = 10


for i in range(iterations):
    print("iteration", i)
    start_time = time.time()
    # 在像素层面使用Limited-memory BFGS算法，最小化损失
    x, f_val, info = fmin_l_bfgs_b(evaluator.loss, x.flatten(),
                                   fprime=evaluator.grads, maxfun=20)
```

```
print('current loss value:', f_val)
# 保存每一轮迭代后生成的图像
img = postprocess_array(x.copy())
file_name = 'result_%d.png' % i
imsave(file_name, img)
end_time = time.time()
print("image saves as", file_name)
print('iteration %d finished in %ds' % (i, end_time - start_time))
```

思考与实践

6.2 如果将优化算法改为梯度下降、Adam 等，结果会有什么不同？

四、结果展示

下图展示了每次迭代后输出的图像。从中看出，在若干次迭代之后，生成的图像逐渐学习到了一张图像的内容和另一张图像的风格。

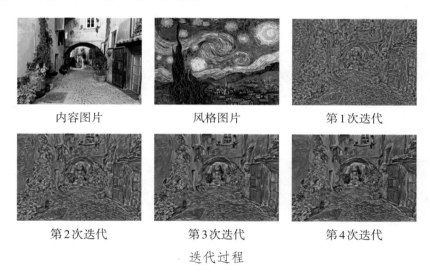

| 内容图片 | 风格图片 | 第1次迭代 |
| 第2次迭代 | 第3次迭代 | 第4次迭代 |

迭代过程

思考与实践

6.3 初值的设置对梯度下降的速度和收敛到的极小值都可能产生影响。上述代码采用了随机初始化目标图像的方法。想一想有没有更好的初始化目标图像的方法。

内容损失权重与风格损失权重的比值 α/β，会影响风格迁移的程度。α/β 越大，生成图像就越接近内容图像。反之，α/β 越小，生成图像风格化就越浓郁。在计算风格损失时选取不同的卷积层也会改变生成图像的风格化样式。用较浅的卷积层计算风格损失，生成图像学到的风格比较局部化（例如纹理、笔触等）。用较深的卷积层计算风格损失，生成图像学到的风格会更加整体化。下图展示了若干张生成图像。从左往右各列的 α/β 的取值依次为 10^{-5}，10^{-4}，10^{-3}，10^{-2}，从中看出，图像的风格化程度依次降低，内容的保留程度依次升高。从上往下每行在计算风格损失时卷积层依次取 [conv1_1]，[conv1，conv2_1]，[conv1_1，conv2_1，conv3_1]，[conv1_1，conv2_1，conv3_1，conv4_1]，[conv1_1，conv2_1，conv3_1，conv4_1，conv5_1]（卷积层的记号参见 VGG16 网络结构），风格模仿逐渐从局部化、细节化转变为细节与整体兼顾。

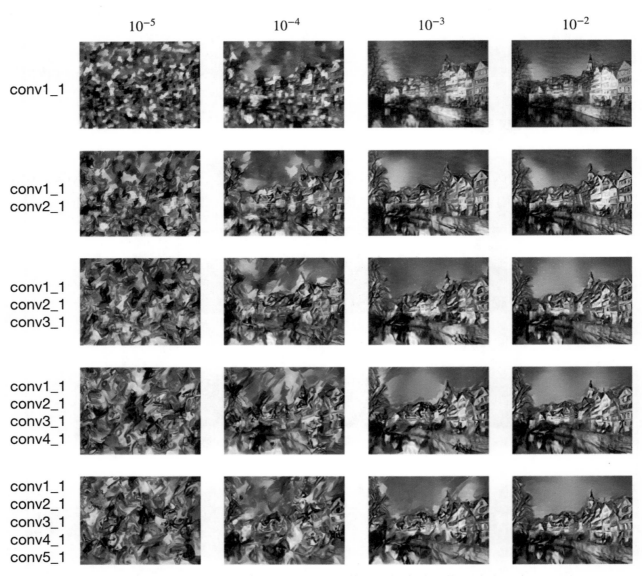

调节 α/β 的取值以及选择不同卷积层计算风格损失对风格迁移的影响

下图是一些风格迁移的效果图。

像素级别梯度优化的结果

第七章　生成对抗网络

在本章中，我们将了解生成对抗网络，并使用一种特殊的生成对抗网络——CycleGAN 来实现图像风格迁移。在这个过程中，我们也会学习神经网络中一些比较复杂的结构，如反卷积层、批标准化层和残差网络。

一、算法思想

（一）协同进化——生成对抗网络

猎豹只有跑得够快才能捕获猎物，羚羊因此也进化出更敏捷的身手。
这是一种协同进化，生成对抗网络也是一个与此类似的过程

在之前的方法中，每做一次风格迁移，都需要重新训练神经网络，十分麻烦。能否找到这样一种方式，可以在训练完之后，对于一张输入的图像，可以快速地产生一张特定风格的输出图像？

或许我们可以使用卷积神经网络。搭建一个卷积神经网络，训练它，使它可以生成和目标风格相似的图像。那么，怎么确定神经网络的目标函数？即如何在数学上描述一张图像是否符合图像目标的风格？又如何对神经网络的输出进行判别？这是一个很难但很关键的问题。

这个问题很难直接解决，但我们可以尝试用机器学习来解决。"如何判定一张图像是否符合某种风格？"这个问题本身可以被看作一个分类问题。可以采用之前学到的图像识别技术，建立一个新的神经网络对图像进行分类。如果能训练好这个判别网络，那就可以用这个网络去训练生成网络了。

如何训练这个判别网络就需要数据支持：其中一些是目标风格的图像，这些作为正例，

打上标签"1"；另一些是由生成网络生成的"假"图像，打上标签"0"。在训练的过程中，这个判别网络不断提高自己区分"真的"目标风格的图像和生成出的"假"图像的能力。

有了这个判别网络之后，再去训练生成网络。生成网络在训练的过程中，使生成的图像不断地向目标风格靠近，让判别网络"认为"生成的图像更像是真正的目标风格的图像。即生成网络尝试去"造假"，用生成的图像"欺骗"判别网络。

而当生成网络"欺骗"的能力有一定的提高之后，原来的判别网络就不够用了，它很有可能被生成网络所"欺骗"。所以需要继续训练判别网络，使它能更好地"鉴别"真实的图像和"进化版"的生成网络产生的图像。如此循环往复，生成网络"欺骗"的能力越来越强，而判别网络"鉴别"的能力也越来越强。这两者协同进化，不断提高，最后得到令人满意的结果。这是一个对抗的过程，这种结构就被称为生成对抗网络（Generative Adversarial Network），简称GAN。

生成对抗网络的结构

（二）无监督学习

生成对抗网络是一种无监督学习（Unsupervised Learning）。顾名思义，无监督学习指的就是学习的时候没有"监督"。在上一部分的图像识别中，提供的数据里不仅包含输入数据（可以视作"问题"），还包含"答案"（图像的类）。我们让AI尝试回答"问题"，再与"答案"对照，根据回答的情况调整参数。这种"对答案"的学习方式就叫监督学习。而在生成对抗网络中，数据并没有经过标注，也就是说并不知道"答案"。这种情况下的机器学习就叫做无监督学习。

（三）要配对！CycleGAN

这种单向的生成对抗网络效果并不好。这与输入的数据有关系。我们的输入数据是一些待转换的图像（输入到生成网络中）和一些目标风格的图像（输入到判别网络中），而这两个图像集合里的元素并没有一一对应的关系。如想要把自然风光的照片转化为带有莫奈风格的画，我们只能找到莫奈的画和自然风光照片两个图像的集合，而不可能找到与莫奈的画相对应的那张照片，即不能在这两者之间建立一一对应的关系。那么判别网络在对生成网络的输出进行评估的时候，并没有考虑到原图是怎么样的。假设一种极端的情况，输入一只猫的图像，生成网络生成一只"莫奈风格"的狗的图像，判别网络对这种现象并不能作出很好的区分。

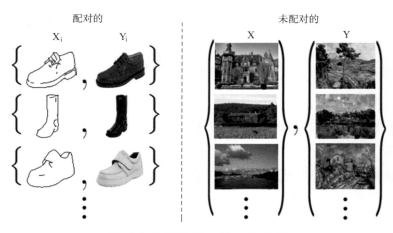

配对的　　　　　　　　　　　　未配对的

X_i　　Y_i　　　　　　　X　　　　Y

配对的数据和没有配对的数据

鉴于此,我们需要对网络结构作一些改进,来解决数据没有配对的问题。单向的GAN只是把A类图像转化为B类图像,为了建立一个配对的关系,我们可以再训练一个把B类图像转化为A类图像的GAN。后一个GAN可以看作前一个GAN的逆变换。为了得到这个逆变换,可以这样训练这个网络:输入A类图像,转换成B类图像,再把它转换回A类图像,得到一张经过一轮"循环"之后的图像,然后比较输入图像和经过"循环"之后的图像,查看它们的相似情况。

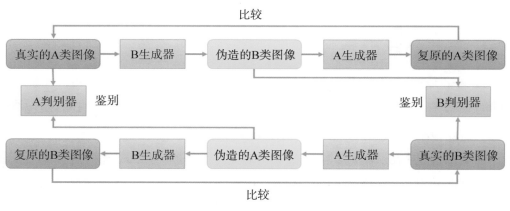

CycleGAN原理图

二、算法细节

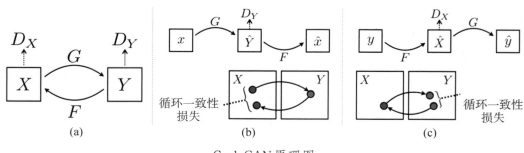

CycleGAN原理图

有了对于CycleGAN的初步感性认识后，我们需要用数学语言更精确地描述CycleGAN，在此基础上找到训练CycleGAN的算法（以下内容可能会有一些枯燥，但是这非常重要）。

在上图（a）中，X、Y分别表示两类图像的集合，CycleGAN用G、F、D_X、D_Y 4个函数来表示。G、F实现生成功能，输入一张图像，输出也是一张图像；而D_X、D_Y则负责判定，输入的这张图像与输出的图像属于相同类别的概率。这4个函数都由神经网络来实现。

（一）如何训练生成网络

图（b）和（c）表现了由X产生Y再回到X和由Y产生X再回到Y的过程。以图（b）为例，图中输入的图像是x，经过了G的变换之后产生$\hat{y}=G(x)$，再将$\hat{y}$送入判定网络D_Y中，得到判定网络的输出$D_Y(\hat{y})=D_Y(G(x))$。我们希望生成网络能够达成"以假乱真"的程度，即要让判定网络认为这是一张Y类图像的概率尽可能高，所以我们要让判定网络的输出尽量接近1。为了描述"接近"的程度，我们采用平方的形式（在GAN中更常用的是对数形式，但是CycleGAN的论文中提到使用平方形式效果更佳）：

$$L_G = (D_Y(G(x)) - 1)^2$$

这个L可以表征出"接近"程度，称为损失函数。训练过程就是尽量减小这个损失函数。对于（c）来说，也可以得到相似的损失函数：

$$L_F = (D_X(F(y)) - 1)^2$$

但是，CycleGAN中的一个重要部分是一个"循环"的过程，我们可以对比"循环"之后获得的图像和原图像之间的差别。图像在这里就是一个向量，就是一串数字。我们将这两个图像相同位置像素差的绝对值的和作为"循环"损失函数。令原来的图像为x，"循环"之后的结果为$\hat{x}=F(G(x))$，有：

$$L_{cyc}^X = \| \hat{x} - x \|_1 = \sum_i | \hat{x}_i - x_i |$$

对于对称的"循环"有：

$$\hat{y} = G(F(y))$$
$$L_{cyc}^Y = \| \hat{y} - y \|_1 = \sum_i | \hat{y}_i - y_i |$$

那么，对于生成网络，完整的损失函数为：

$$L_1 = L_G + L_F + \lambda(L_{cyc}^X + L_{cyc}^Y)$$

其中λ是一个可调的参数,控制着两类损失函数之间的比例。

那么训练的算法为:取一张X类的图像和一张Y类的图像,把它们放入神经网络中计算,得到损失函数。再使用反向传播算法,调整G、F两个神经网络中的参数。这一步我们称作步骤一。

先不要急着反复迭代这个过程,因为我们还要研究一下如何生成判别网络。只有让生成网络和判别网络同时进步,才能取得更好的效果。

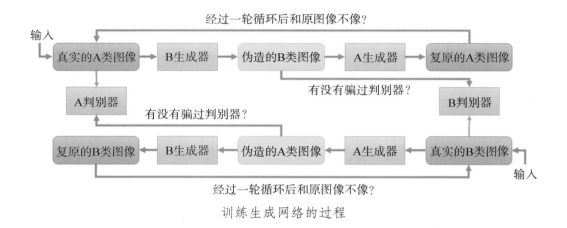

训练生成网络的过程

(二) 如何训练判别网络

对于一个判别网络,它的能力体现在两方面:

(1)能把真的识别为真的。

(2)能把假的识别为假的。

从这个想法入手,我们可以很容易地设计一个损失函数:

$$L_{D_Y}^{real} = (D_Y(y) - 1)^2$$
$$L_{D_Y}^{fake} = (D_Y(G(x)) - 0)^2$$
$$L_{D_Y} = L_{D_Y}^{real} + L_{D_Y}^{fake}$$

$L_{D_Y}^{real}$表示的是"把真的识别为真的"的能力,如果判别网络的输入是一张真实的Y类图像y,那么我们希望它的输出应该尽量接近1;而$L_{D_Y}^{fake}$表示的是"把假的识别为假的"能力,如果判别网络的输入是一张生成网络生成的图像$G(x)$,那么我们希望判别网络能把它"鉴别"出来,它的输出应该尽量接近0。

以上是神经网络D_Y的损失函数,而对于D_X损失函数也类似。对于判别器来说,整体的损失函数可以写成:

$$L_2 = L_{D_X} + L_{D_Y}$$

训练的算法为:取一张X类的图像和一张Y类的图像,把它们放入神经网络中计算,得到这个损失函数。再使用反向传播算法，调整D_X、D_Y两个神经网络中的参数。这一步我们称之为步骤二。

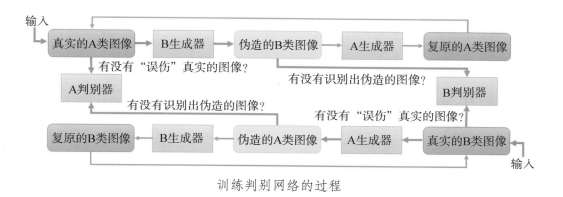

训练判别网络的过程

（三）把它们合起来

有了以上两个步骤的铺垫，整个网络的训练过程就是步骤一和步骤二的交叉迭代。在这个过程中，要做是最小化损失函数L_1和L_2，但最小化这两个损失函数的过程是矛盾的（从形式上就可以看出来）。这类似生成器和判别器之间的"角力"，生成器的生成能力越来越强，判别器的判别能力也就越来越强，最终两者会达成一个相对平衡，此时生成器和判别器都具备了一定的能力，这也是我们希望得到的结果。

三、代码实现

在实现生成对抗网络的过程中，使用到Python中"类"的概念。我们可以把类看作一种工具。一种类就是完成一种任务的工具，它包含了完成这种任务的一些数据和处理这些数据的方法。

导入一些需要的库：

■ PIL（Pillow）：图像处理库，用于保存中间的快照。

■ glob：获取目录下所有文件名，用于获取数据。

■ random：用于产生随机数。

■ time：用于计时。

■ 还有一些神经网络中的层：

　□ Conv2D：2维卷积层。

　□ BatchNormalization：批标准化层。

　□ Add：加法层。

　□ Conv2DTranspose：反卷积层。

□ Activation：激活层。

■ Adam优化器：用于最小化损失函数。

■ 激活函数 relu、tanh 和 LeakyReLU。

■ RandomNormal：用于神经网络参数的初始化。

```python
# 如果没有安装 PIL(Pillow)
# 请使用 pip install pillow 安装
from PIL import Image
import numpy as np
import glob
import random
import time

# 如果没有安装 keras 和 tensorflow 库
# 请使用 pip install keras tensorflow 安装

import keras.backend as K

from keras.models import Model
from keras.layers import Conv2D, BatchNormalization, Input, Add
from keras.layers import Conv2DTranspose, Activation
from keras.optimizers import Adam

from keras.layers.advanced_activations import LeakyReLU
from keras.activations import relu,tanh
from keras.initializers import RandomNormal
```

（一）数据的读取

```python
def load_image(fn, image_size):
    """
    加载一张图像
    fn:图像文件路径
    image_size:图像大小
    """
    im = Image.open(fn).convert('RGB')

    # 切割图像(截取图像中间的最大正方形,然后将大小调整至输入大小)
    if (im.size[0] >= im.size[1]):
        im = im.crop(((im.size[0] - im.size[1])//2, 0, (im.size[0] +
```

```
im.size[1])//2, im.size[1]))
    else:
        im = im.crop((0, (im.size[1] - im.size[0])//2, im.size[0],
(im.size[0] + im.size[1])//2))
    im = im.resize((image_size, image_size), Image.BILINEAR)

    # 将0-255的RGB值转换到[-1,1]上的值
    arr = np.array(im)/255*2-1

    return arr

class DataSet(object):
    """
    用于管理数据的类
    """
    def __init__(self, data_path, image_size = 256):
        self.data_path = data_path
        self.epoch = 0
        self.__init_list()
        self.image_size = image_size

    def __init_list(self):
        self.data_list = glob.glob(self.data_path)
        random.shuffle(self.data_list)
        self.ptr = 0

    def get_batch(self, batchsize):
        """
        从队列中取出batchsize张图像
        """
        if (self.ptr + batchsize >= len(self.data_list)):
            # 如果队列里面的图像已经不足以取出一个batch，那么就重新初始化队列
            batch = [load_image(x, self.image_size) for x in
self.data_list[self.ptr:]]
            rest = self.ptr + batchsize - len(self.data_list)
            self.__init_list()
            batch.extend([load_image(x, self.image_size) for x in
self.data_list[:rest]])
            self.ptr = rest
            self.epoch += 1
        else:
            batch = [load_image(x, self.image_size) for x in
self.data_list[self.ptr:self.ptr + batchsize]]
            self.ptr += batchsize
        return self.epoch, batch
```

```python
    def get_pics(self, num):
        """
        取出num张图像，用于快照
        不会影响队列
        """
        return np.array([load_image(x, self.image_size) for x in
random.sample(self.data_list, num)])

def arr2image(X):
    """
    将RGB值从[-1,1]重新转回[0,255]
    """
    int_X = ((X+1)/2*255).clip(0,255).astype('uint8')
    return Image.fromarray(int_X)

def generate(img, fn):
    """
    将一张图像img送入生成网络fn中
    """
    r = fn([np.array([img])])[0]
    return arr2image(np.array(r[0]))


# 输入神经网络的图像尺寸
IMG_SIZE = 256

# 数据集名称
DATASET = "vangogh2photo"

# 数据集路径
dataset_path = "./data/{}/".format(DATASET)
trainA_path = dataset_path + "trainA/*.jpg"
trainB_path = dataset_path + "trainB/*.jpg"


train_A = DataSet(trainA_path, image_size = IMG_SIZE)
train_B = DataSet(trainB_path, image_size = IMG_SIZE)

def train_batch(batchsize):
    """
    从数据集中取出一个batchsize大小的批次
    """
    epa, a = train_A.get_batch(batchsize)
    epb, b = train_B.get_batch(batchsize)
    return max(epa, epb), a, b
```

（二）生成网络

首先构建生成网络。先定义一些常用的网络结构，以便于后续编写代码：

```
# 用于初始化
conv_init = RandomNormal(0, 0.02)

def conv2d(f, *a, **k):
    """
    卷积层
    """
    return Conv2D(f,
                  kernel_initializer = conv_init,
                  *a, **k)
def batchnorm():
    """
    标准化层
    """
    return BatchNormalization(momentum=0.9, epsilon=1.01e-5, axis=-1)
```

我们的生成网络采用了"残差网络"的结构，这种结构可以构建比较深的神经网络。残差网络的基本结构是一个"块"，它的代码如下：

```
def res_block(x, dim):
    """
    残差网络
    [x]-->[卷积]-->[标准化]-->[激活]-->[卷积]-->[标准化]-->[+]-->[激活]
     |                                                          ^
     |                                                          |
     +----------------------------------------------------------+
    """
    x1 = conv2d(dim, 3, padding="same", use_bias=True)(x)
    x1 = batchnorm()(x1, training=1)
    x1 = Activation('relu')(x1)
    x1 = conv2d(dim, 3, padding="same", use_bias=True)(x1)
    x1 = batchnorm()(x1, training=1)
    x1 = Activation("relu")(Add()([x, x1]))
    return x1
```

残 差 网 络

之所以要采用这样的结构，是因为神经网络的深度不是越深越好。

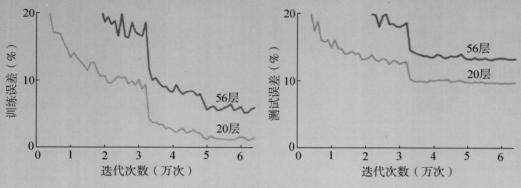

更深的网络不意味着更好的性能

从上图可以看出，56层的神经网络产生的误差反而比20层的要大，这与我们的直觉相违背。假设深层网络后面的几层网络都将输入原样输出，那么最差的情况也应该和浅层网络的误差一样。从这个想法出发，我们把网络设定为着重于训练偏离输入的小变化，这就是残差网络。假设网络的输出是$H(x)=F(x)+x$，那么残差网络着重学习的就是$F(x)$。

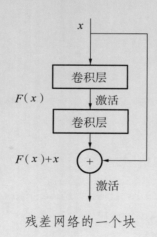

残差网络的一个块

残差网络就是由这样的块堆叠而成。这里使用的是卷积层，根据任务类型的不同，也可以换成任何加权型的层，例如全连接层等。

使用残差网络后，可以大大加深网络的深度，提升输出效果。在生成网络中，也采用了残差网络。

批标准化层（Batch Normalization）

批标准化的作用是把一批数据归一化为平均值0，方差为1的数据。

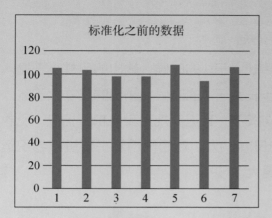
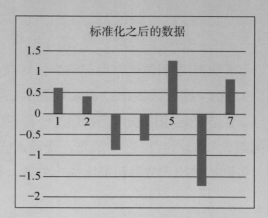

标准化的作用

直观地看，标准化前的数据在分布上远离零点，一眼看上去感到它们都差不多，不太容易找出它们的内在差别。

这种方法应用在激活函数上也是类似的。以tanh激活函数为例，tanh激活函数有一个特点，它的导数在0附近相对来说比较大，在小于−1或者大于1的区域，导数会非常快地减小。如果这个激活函数的输入数据分布非常不均衡，如都非常大，那么实际上在这个区域，曲线实际上非常平坦，导数非常小，激活函数就无法起到激活的作用。

而在标准化之后，数据的平均值被调整到0，而且每个数据离零点也不会太远，有利于激活函数发挥其作用。

另外一种情况是，当输入数据中不同部分的量纲不同，或者不便直接进行比较、加减等运算时，也可以通过标准化来解决这些问题。

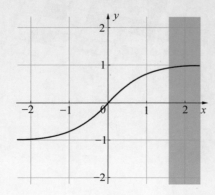
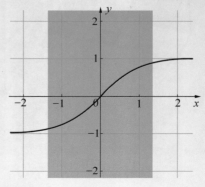

标准化前后可能的数据分布（橙色区域）

生成网络是按照3层卷积层、9个残差网络block和3个反卷积层的结构堆叠而成。而反卷积运算可以帮助我们从小尺寸的特征图中生成大尺寸的图像。

概念解析

反 卷 积 层

我们知道卷积层具有自己的步长，当步长大于1的时候，输出的尺寸小于输入尺寸。而反卷积层则相反，当反卷积层的步长大于1的时候，输出的尺寸大于输入尺寸。反卷积层可以视作卷积层的一种逆向操作，其运算规则和卷积层相似。反卷积层首先在输入数据之间填充，使输入的尺寸扩大，然后再用卷积核进行卷积运算，得到的输出尺寸有可能比原本的输入更大。

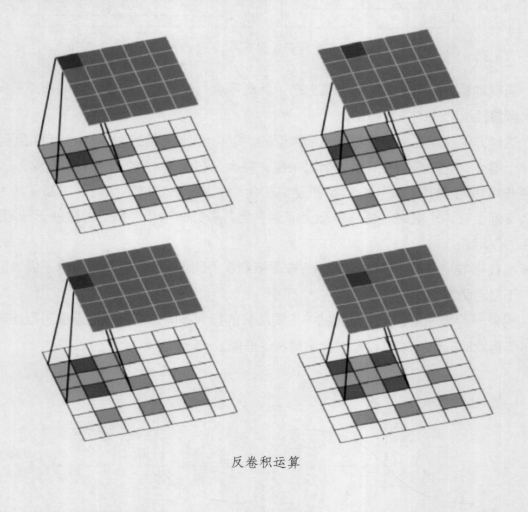

反卷积运算

有了残差网络和反卷积的知识，就更容易理解生成网络的结构了。

```python
def NET_G(ngf=64, block_n=6, downsampling_n=2, upsampling_n=2, image_size =
256):
    """
    生成网络
    采用resnet结构

    block_n为残差网络叠加的数量
    论文中采用的参数为 若图像大小为128,采用6;若图像大小为256,采用9

    [第一层]   大小为7的卷积核  通道数量  3->ngf
    [下采样]   大小为3的卷积核  步长为2  每层通道数量倍增
    [残差网络]  9个block叠加
    [上采样]
    [最后一层]  通道数量变回3
    """

    input_t = Input(shape=(image_size, image_size, 3))
    # 输入层

    x = input_t
    dim = ngf

    x = conv2d(dim, 7, padding="same")(x)
    x = batchnorm()(x, training = 1)
    x = Activation("relu")(x)
    # 第一层

    for i in range(downsampling_n):
        dim *= 2
        x = conv2d(dim, 3, strides = 2, padding="same")(x)
        x = batchnorm()(x, training = 1)
        x = Activation('relu')(x)
    # 下采样部分

    for i in range(block_n):
        x = res_block(x, dim)
    # 残差网络部分

    for i in range(upsampling_n):
        dim = dim // 2
        x = Conv2DTranspose(dim, 3, strides = 2, kernel_initializer =
conv_init, padding="same")(x)
        x = batchnorm()(x, training = 1)
        x = Activation('relu')(x)
    # 上采样
```

```
    dim = 3
    x = conv2d(dim, 7, padding="same")(x)
    x = Activation("tanh")(x)
    # 最后一层

    return Model(inputs=input_t, outputs=x)
```

（三）判别网络

判别网络的结构由几层卷积的叠加而成，比生成网络更简单。

```
def NET_D(ndf=64, max_layers = 3, image_size = 256):
    """
    判别网络
    """

    input_t = Input(shape=(image_size, image_size, 3))

    x = input_t
    x = conv2d(ndf, 4, padding="same", strides=2)(x)
    x = LeakyReLU(alpha = 0.2)(x)
    dim = ndf


    for i in range(1, max_layers):
        dim *= 2
        x = conv2d(dim, 4, padding="same", strides=2, use_bias=False)(x)
        x = batchnorm()(x, training=1)
        x = LeakyReLU(alpha = 0.2)(x)

    x = conv2d(dim, 4, padding="same")(x)
    x = batchnorm()(x, training=1)
    x = LeakyReLU(alpha = 0.2)(x)

    x = conv2d(1, 4, padding="same", activation = "sigmoid")(x)
    return Model(inputs=input_t, outputs=x)
```

判别网络最后的输出并不是一个数，而是一个矩阵。这并不影响我们计算损失函数，我们只需要把损失函数中的0和1看作是和判别网络具有相同尺寸的矩阵就可以了。

我们可以使用一种新的激活函数——带泄露线性整流（LeakyReLU）。这个函数和线性整流（ReLU）非常相似，不同的是当 x 小于0时，带泄露线性整流函数的值并不是0，而仍然有一个较小的斜率。

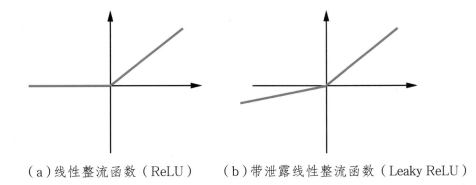

（a）线性整流函数（ReLU） 　　（b）带泄露线性整流函数（Leaky ReLU）

（四） 整体网络结构的搭建

采用"类"的概念组织GAN的网络结构：

```
def loss_func(output, target):
    """

    损失函数
    论文中提到使用平方损失更好
    """

    return K.mean(K.abs(K.square(output-target)))

class CycleGAN(object):
    def __init__(self, image_size=256, lambda_cyc=10, lrD = 2e-4, lrG = 2e-
4, ndf = 64, ngf = 64, resnet_blocks = 9):
        """

        构建网络结构
                        cyc loss
        +-------------------------------+
        |             (CycleA)          |
        v                               |
        realA -> [GB] -> fakeB -> [GA] -> recA
         |                  |
         |                  +---------------+
         |                                  |
         v                                  v
        [DA]          <CycleGAN>          [DB]
         ^                                  ^
         |                                  |
         +---------------+                  |
                         |                  |
        recB <- [GB] <- fakeA <- [GA] <- realB
         |                                  ^
         |             (CycleB)             |
         +-------------------------------+
                        cyc loss
        """
```

```python
        # 创建生成网络
        self.GA = NET_G(image_size = image_size, ngf = ngf, block_n =
resnet_blocks)
        self.GB = NET_G(image_size = image_size, ngf = ngf, block_n =
resnet_blocks)

        # 创建判别网络
        self.DA = NET_D(image_size = image_size, ndf = ndf)
        self.DB = NET_D(image_size = image_size, ndf = ndf)

        # 获取真实、伪造和复原的A类图和B类图变量
        realA, realB = self.GB.inputs[0],  self.GA.inputs[0]
        fakeB, fakeA = self.GB.outputs[0], self.GA.outputs[0]
        recA,  recB  = self.GA([fakeB]),   self.GB([fakeA])

        # 获取由真实图片生成伪造图片和复原图片的函数
        self.cycleA = K.function([realA], [fakeB,recA])
        self.cycleB = K.function([realB], [fakeA,recB])

        # 获得判别网络判别真实图片和伪造图片的结果
        DrealA, DrealB = self.DA([realA]), self.DB([realB])
        DfakeA, DfakeB = self.DA([fakeA]), self.DB([fakeB])

        # 用生成网络和判别网络的结果计算损失函数
        lossDA, lossGA, lossCycA = self.get_loss(DrealA, DfakeA, realA,
recA)
        lossDB, lossGB, lossCycB = self.get_loss(DrealB, DfakeB, realB,
recB)

        lossG = lossGA + lossGB + lambda_cyc * (lossCycA + lossCycB)
        lossD = lossDA + lossDB

        # 获取参数更新器
        updaterG = Adam(lr = lrG,
beta_1=0.5).get_updates(self.GA.trainable_weights + self.GB.trainable_weights,
[], lossG)
        updaterD = Adam(lr = lrD,
beta_1=0.5).get_updates(self.DA.trainable_weights + self.DB.trainable_weights,
[], lossD)

        # 创建训练函数，可以通过调用这两个函数来训练网络
        self.trainG = K.function([realA, realB], [lossGA, lossGB, lossCycA,
lossCycB], updaterG)
        self.trainD = K.function([realA, realB], [lossDA, lossDB], updaterD)
    def get_loss(self, Dreal, Dfake, real, rec):
        """

        获取网络中的损失函数
        """
```

```python
        lossD = loss_func(Dreal, K.ones_like(Dreal)) + loss_func(Dfake,
K.zeros_like(Dfake))
        lossG = loss_func(Dfake, K.ones_like(Dfake))
        lossCyc = K.mean(K.abs(real - rec))
        return lossD, lossG, lossCyc

    def save(self, path="./models/model"):
        """
        保存模型
        """
        self.GA.save("{}-GA.h5".format(path))
        self.GB.save("{}-GB.h5".format(path))
        self.DA.save("{}-DA.h5".format(path))
        self.DB.save("{}-DB.h5".format(path))

    def train(self, A, B):
        """
        用于训练的接口，输入A和B两张图片，返回训练之后得到的误差
        """
        errDA, errDB = self.trainD([A, B])
        errGA, errGB, errCycA, errCycB = self.trainG([A, B])
        return errDA, errDB, errGA, errGB, errCycA, errCycB
```

（五）训练代码

这里，我们使用snapshot函数，用于在训练的过程中生成预览效果。

```python
def gen(generator, X):
    """
    用于生成效果图
    """
    r = np.array([generator([np.array([x])]) for x in X])
    g = r[:, 0, 0]
    rec = r[:, 1, 0]
    return g, rec

def snapshot(cycleA, cycleB, A, B):
    """
    产生一个快照

    A、B是两个图像列表
    cycleA是 A->B->A的一个循环
    cycleB是 B->A->B的一个循环
```

```
    输出一张图像:
    +-----------+      +-----------+
    | X (in A)  | ...  | Y (in B)  | ...
    +-----------+      +-----------+
    |   GB(X)   | ...  |   GA(Y)   | ...
    +-----------+      +-----------+
    | GA(GB(X)) | ...  | GB(GA(Y)) | ...
    +-----------+      +-----------+
    """
    gA, recA = gen(cycleA, A)
    gB, recB = gen(cycleB, B)

    lines = [
        np.concatenate(A.tolist()+B.tolist(), axis = 1),
        np.concatenate(gA.tolist()+gB.tolist(), axis = 1),
        np.concatenate(recA.tolist()+recB.tolist(), axis = 1)
    ]

    arr = np.concatenate(lines)
    return arr2image(arr)

# 创建模型
model = CycleGAN(image_size = IMG_SIZE)

# 训练代码
# 先记下开始时间
start_t = time.time()

# 训练轮数
EPOCH_NUM = 100

# 已经训练的轮数
epoch = 0

# 迭代几次输出一次训练信息(误差)
DISPLAY_INTERVAL = 5

# 迭代几次保存一个快照
SNAPSHOT_INTERVAL = 50

# 迭代几次保存一次模型
SAVE_INTERVAL = 200

# 批大小
BATCH_SIZE = 1

# 已经迭代的次数
iter_cnt = 0
```

```
# 用于记录误差的变量
err_sum = np.zeros(6)

while epoch < EPOCH_NUM:
    # 获取数据
    epoch, A, B = train_batch(BATCH_SIZE)

    # 训练
    err  = model.train(A, B)

    # 累计误差
    err_sum += np.array(err)

    iter_cnt += 1

    # 输出训练信息
    if (iter_cnt % DISPLAY_INTERVAL == 0):
        err_avg = err_sum / DISPLAY_INTERVAL
        print('[迭代%d] 判别损失: A %f B %f 生成损失: A %f B %f 循环损失: A %f B
%f'
        % (iter_cnt,
        err_avg[0], err_avg[1], err_avg[2], err_avg[3], err_avg[4],
err_avg[5]),
        )
        err_sum = np.zeros_like(err_sum)

    # 产生快照
    if (iter_cnt % SNAPSHOT_INTERVAL == 0):
        A = train_A.get_pics(4)
        B = train_B.get_pics(4)
        snapshot(model.cycleA, model.cycleB, A,
B).save("./snapshot/{}.png".format(iter_cnt))

    # 保存模型
    if (iter_cnt % SAVE_INTERVAL == 0):
        model.save(path = "./models/model-{}".format(iter_cnt))
```

四、结果展示

以莫奈的画为 A 类图像，以真实的照片为 B 类图像进行训练（数据集可以在 https://people.eecs.berkeley.edu/ ～ taesung_park/CycleGAN/datasets/ 下载）。经过训练之后，使用训练集之外的图像进行测试，结果如下：

CycleGAN 效果图

对比莫奈的原作,你会发现 AI 绘制出来的图像确实有几分莫奈的神韵。

莫奈的作品

思考与实践

7.1 在 CycleGAN 的训练过程中,风格图像哪些特征(例如颜色、纹理、几何形状等)是最容易被学习到的,哪些特征是较难被学习到的?

7.2 使用 CycleGAN 可以完成许多类型图像的转换,思考 CycleGAN 是否适合这些任务。你如果感兴趣可以自行寻找数据集训练。

a. 马和斑马的照片之间的转换。

可能出现的反色现象

b. 一处景点冬季和夏季照片的转换。

c. 苹果和橘子的转换。

d. 猫和狗的转换。

e. 把照片转换为毕加索风格的绘画。

7.3 （*）在训练 CycleGAN 的过程中，我们发现有时候会出现"反色"现象，思考造成这种现象的原因。

本部分小结

在本部分中，我们了解了什么是图像风格迁移，并尝试使用 K 近邻算法模仿图像的色彩风格。然后学习了如何使用卷积神经网络来提取图像中的内容表示和风格表示，并使用梯度下降法融合不同图像的风格。最后我们介绍了一种生成对抗网络——CycleGAN。在此过程中，我们对神经网络有了更深的理解。

图像风格迁移是一个很有趣的问题。本部分介绍的算法还有很大的提升空间，你如果有兴趣可以作进一步的思考探究。

第3部分
文本生成

在本部分中，我们将要学习一些基本的文本生成技术。与之前的图像识别、图像风格迁移不同，本部分要处理的问题属于自然语言处理（Natural Language Processing）领域，处理的基本对象不是图片，而是文本。

文本生成是比较学术的说法，通常人们所说的"人工智能写作""人工智能作诗""自动对话系统"等，都属于文本生成的范畴。简单来说，文本生成就是给定一段初始的文本，然后自动生成一段与之相关的文本。当然，具体生成什么样的文本需要视需求而定。

文本生成是自然语言处理领域的一个核心问题，在现实生活中也有着许多应用。2017年5月，微软推出了微软小冰原创诗集《阳光失了玻璃窗》，这是人类历史上第一部100%由人工智能创作的诗集。

在本部分中，我们将了解解决文本生成问题的大致步骤，学习文本生成问题是如何转化为一个可计算的分类问题的，然后逐步深入，学习几种常见的文本生成算法——n 元语法语言模型（n-gram Language Model），长短期记忆网络（Long Short-Term Memory）和 seq2seq（序列对序列）。目标是逐步建立一个能够"吟诗作对"的文本生成模型，给出上句诗，它能够输出下句诗。当然，它能做的事情不止于此，如输入开头的一句话，可以让它生成一段小说、一段影评。

人们在广场上游戏

太阳不知疲倦

我再三踟蹰

想象却皱起了眉

她飞进天空的树影

便迷路在人群里了

那是梦的翅膀

正如旧时的安逸

而人生是萍水相逢

在不提防的时候降临

你和我一同住在我的梦中

偶然的梦

这样的肆意并不常见

用一天经历一世的欢喜

——微软小冰原创诗歌，发表于《华西都市报·浣花溪》，2017 年 12 月 16 日

第八章　文本生成基础知识

在本章中，我们将要学习文本生成的大致步骤和统计语言模型。通过本章学习，掌握文本生成的基本流程和将文本生成转化为分类问题的基本策略，体会对实际问题进行数学建模的重要意义。

一、文本生成的大致步骤

（1）任何计算机学习任务，首要解决的问题就是数据。如前面所说，文本生成是一个很宽泛的问题，因此我们需要根据自己的需求选定相关数据。以古诗生成的具体问题为例，我们从各种资料库里获取的有关古诗的信息，通常都会包含一些对于诗歌创作来说无效的信息，如诗名、作者、朝代等，需要将其删除。另外，我们的任务是实现上句对下句，因此要把所有的上下句整理成对，形成格式化文本，这样便得到了初步的数据。

原　始　文　本	格　式　化　文　本
登鹳雀楼【作者】王之涣 白日依山尽，黄河入海流。欲穷千里目，更上一层楼。	[["白日依山尽","黄河入海流"], ["欲穷千里目","更上一层楼"]]
江雪【作者】柳宗元 千山鸟飞绝，万径人踪灭。孤舟蓑笠翁，独钓寒江雪。	[["千山鸟飞绝","万径人踪灭"], ["孤舟蓑笠翁","独钓寒江雪"]]
静夜思【作者】李白 床前明月光，疑是地上霜。举头望明月，低头思故乡。	[["床前明月光","疑是地上霜"], ["举头望明月","低头思故乡"]]

（2）在数据整理完毕后，根据具体的问题选择合适的算法，进行训练与参数的调整（具体的模型与算法将在后面章节学习）。下表是seq2seq模型的训练过程。

输　　入	未训练结果	训练1/3结果	训练2/3结果	训练3/3结果
白日依山尽	流浅琚披醉缙育己承承	山风满水深	青山一夜深	青山去路长
孤舟蓑笠翁	葵瓒瓒墨蝎蝎许蜴麝焦	日日照江水	一叶落花花	独立江南月
床前明月光	筒筒壮袂郜刀枚邙霾霎	日日满江阳	日暮云中雨	水下清风流

（3）使用所得模型或算法生成文本，并进行评估。

二、问题的转化——分类问题

> 科学并不尝试去解释，它们甚至不怎么去说明，它们主要做的就是建立模型。
>
> ——冯·诺依曼

人工智能技术的高度发展，使计算机好像有了"视觉"，有了"听觉"，甚至能够在某些看起来只有人能完成的任务上体现出超越人类的水平，但事实上，并不是计算机真的能听会看了，而是计算机科学家们对现实世界的各种实体进行数学建模，利用计算机的计算能力处理了这些问题。"给出上句诗，输出下句诗"这一问题是很抽象的，计算机无法理解，只有对其进行数学建模，才能让计算机帮助我们解决这一问题。

在之前的图像识别、图像风格迁移任务中，为了能够让计算机处理图片，我们利用了像素矩阵和RGB色彩模型将一张图片转化为一个浮点数矩阵后进行计算，这种矩阵格式对于图片来说是自然的。现在我们面临的原始数据是文本，同样需要对文本进行数学建模，使文本能够被计算，从而将文本生成问题转化为计算机可解决的问题。

这里我们引入一个重要的模型——统计语言模型（Statistical Language Model），通过这个模型可将文本生成的问题转化为一个分类问题。

1. 统计语言模型与分类问题

> 在终极的分析中，一切知识都是历史；
>
> 在抽象的意义下，一切科学都是数学；
>
> 在理性的世界里，所有的判断都是统计学。
>
> ——C.R.Rao《统计与真理》

如果把在数据中出现过的所有字都放到词汇集合V中，这样任何一句话都可以表示成词汇集合中若干词构成的序列。

首先假设，词汇集合大小是有限的，即V是一个有限集合，这当然是符合实际的。所谓统计语言模型，就是估计给定前m个词以后，第$m+1$个词在整个词汇集合V上的概率分布，即$P(w_{m+1} \in V | w_1, w_2, \cdots, w_m)$，这是一个条件概率。

假如已经通过某种算法计算出了$P(w_{m+1} \in V | w_1, w_2, \cdots, w_m)$，那文本生成就自然地转化成了一个分类问题，即先把每个词汇视为一种类别，于是整个词汇集合就成了类别标签的全集，我们给出关于第$m+1$个词的已知信息（即前m个词分别是什么），然后预估第$m+1$个词属于哪一类（即哪一个词），只要选出使得条件概率最大（即可能性最大）的那个w_{m+1}作为我们的预测结果就可以了。

条件概率

设 A 与 B 为样本空间 Ω 中的两个事件，其中 $P(B) > 0$。那么在事件 B 发生的条件下，事件 A 发生的条件概率为：

$$P(A \mid B) = \frac{P(A \cap B)}{P(B)}$$

条件概率有时也称作后验概率。

这就像下图所示的使用智能文字输入法软件输入文字一样，用户输入了几个词，软件会猜测并显示接下来最有可能输入的词是什么，供用户选择。

输入法对于下一个词的提示

2. "读书破万卷，下笔如有神"

用什么方法可以计算 $P(w_{m+1} \in V | w_1, w_2, \cdots, w_m)$ 呢？

我们通过让计算机"阅读"大量的文本，应用统计的方法学习语料中词汇的分布模式去估计这个条件概率。这些文本我们称之为语料（corpus）。在语料中，计算机可以"认识到"，当某个词出现的时候，哪些与之关联的词也会有很高的频率出现、某个固定的位置上总是出现若干个固定的词等诸如此类的经验规律，从而能够生成接近真实语料的文本。

举个例子，想要让计算机学会"吟诗作对"，就让计算机阅读《唐诗宋词鉴赏》《唐诗三百首》等大量文本，学习人类写诗的方式和规则（比如平仄相对、词性相对、意境相合）。杜甫诗云："读书破万卷，下笔如有神。"人写好诗需要大量读诗，计算机其实也是这个道理。

之前所说的输入法软件，一方面会根据所有用户的输入记录来对词汇的概率分布有一个预先的认识，一方面也会不断地学习单个用户本身的输入习惯来适应不同的用户。

唐诗高频词

（来自于 https://github.com/chinese-poetry/chinese-poetry）

接下来的章节将具体了解一些从语料中学习语言模型的方法。

💡 思考与实践

8.1 这里所介绍的统计语言模型其实也是一个简化版本，请尝试运用这种建模思想设计一个更普适的语言模型。

第九章　n元语法模型——从数数开始

在本章中，我们将要学习n元语法模型的基本原理并使用Python实现n元语法模型。通过本章学习体会n元语法模型简化问题的基本思路，学会用n元语法模型完成初级的文本生成。

一、算法思想

之前我们认为第$m+1$个词的概率依赖于前面所有的词$w_1 \cdots w_m$，如果在统计语言模型的基础上进一步简化，认为第$m+1$个词的概率只依赖于前面的$n-1$个词，即w_m，w_{m-1}，$\cdots$，w_{m-n+2}，与更远的历史无关，并且n是一个与m无关的常数，我们就称这种语言模型为n元语法模型。例如，对于2元语法模型，有$P(w_{m+1}|w_1, w_2, \cdots, w_m) = P(w_{m+1}|w_m)$。

 延伸阅读

马尔可夫性质

马尔可夫性质（Markov property）是概率论中的一个概念。当一个随机过程在给定现在状态以及历史所有状态的情况下，未来状态的概率分布仅依赖于当前状态，那么这个随机过程就具有马尔可夫性质。可以看到，正文中举的2元语法模型的例子恰好说明了它满足马尔可夫性质，而更广的n元语法实质上是马尔可夫性质的一个推广。

马尔可夫链是最广为人知的马尔可夫过程，但不少其他的过程，包括布朗运动也是马尔可夫过程。

二、算法细节

"一、二、三、五、四……"

"不，爸爸。应该是一、二、三、四、五……"

"好吧，那如果我就是要说一、二、三、五、四，为什么我不能这么说呢？"

"因为……因为不是这样的。"

——迈克尔·阿廷《代数》

如何从语料中统计 $P(w_{m+1}|w_m)$ 呢？

"一去二三里，烟村四五家。亭台六七座，八九十枝花。"孩童时期，人们其实就已经掌握了最基本的统计手段——数数。

因此，如果想要估计条件概率 P（人工智能|我喜欢），那么只需要统计语料中"我喜欢"和"我喜欢人工智能"出现的次数，即 C（我喜欢）和 C（我喜欢人工智能），则自然地就可以得到

$$P（人工智能|我喜欢）= \frac{C（我喜欢人工智能）}{C（我喜欢）}。$$

以上就是n元语法模型的核心思想，相信它并不难理解。下图所示的是一个6元语法的例子。

这 是 人工智能 的 黄金 时代/年代

储量/加工/价格

6元语法例子图示

三、代码实现

下面我们动手实现n元语法。

（1）导入必要的库：

■ random：Python内置的随机函数库。

■ jieba：一个中文分词工具，支持多种模式的分词。

```
# 如果没有安装 jieba 库
# 请使用 pip install jieba 安装
import random
import jieba
```

（2）读取语料数据，选择分字或者是分词，确定n元语法检索长度。

中文不同于英语，中文的词是紧凑连接的，无法用空格分开。例如"这是人工智能的黄金时代"这句话，希望能够分割成"这/是/人工智能/的/黄金时代"。

```
# 读取语料数据
corpus_file = open("../input/poetry.txt", "r", encoding="utf-8")
raw_text = corpus_file.readlines()
text = ""
for line in raw_text:
    text += line.strip()
corpus_file.close()
# 选择分词或者是分字
split_mode = "char":
if split_mode == "char":
    token_list = [char for char in text]
# 利用jieba库分词
elif split_mode == "jieba":
    token_list = [word for word in jieba.cut(text)]
# 确定ngram的历史检索长度，即n
ngram_len = 4
```

（3）进行n元语法计数。

```
# 初始化ngram词典
ngram_dict = {}
for i in range(1, ngram_len): # i = 1 2 3
    for j in range(len(token_list) - i - 1):
        # 以前n-1个词为键，第n个词为值，统计映射次数
        key = "".join(token_list[j: j + i + 1])
        value = "".join(token_list[j + i + 1])
        # 为第一次出现的键建立字典
        if key not in ngram_dict:
            ngram_dict[key] = {}
        # 初始化字典内每个键值对映射的计数器
        if value not in ngram_dict[key]:
            ngram_dict[key][value] = 0
        ngram_dict[key][value] += 1
```

（4）根据n元语法计数进行文本生成。

```
# 对输入进行分字或分词
start_text = "明月"
gen_len = 200
topn = 3
```

```python
if split_mode == "char":
    word_list = [char for char in start_text]
elif split_mode == "jieba":
    word_list = [word for word in jieba.cut(start_text)]

# gen_len是我们期望的生成字数或词数
for i in range(gen_len):
    temp_list = []
    # 统计给定前小于等于n-1个词的情况下，下一个词的词频分布
    for j in range(1, ngram_len):
        if j >= len(word_list):
            continue
        prefix = "".join(word_list[-(j + 1):])
        if prefix in ngram_dict:
            temp_list.extend(ngram_dict[prefix].items())
    # 按词频对词排序
    temp_list = sorted(temp_list, key=lambda d: d[1], reverse=True)
    next_word = ''
    # 如果最高频词是标点，则选择最高频词
    if temp_list[0] == ',' or temp_list[0] == '。' or temp_list[0] == '\n':
        next_word = temp_list[0]
    else:
    # 否则从前topn中随机选一个
        next_word = random.choice(sorted(temp_list, key=lambda d: d[1],
reverse=True)[:topn])[0]
    word_list.append(next_word)

print("".join(word_list))
```

四、结果

在古诗数据集上训练一个4-gram模型后，用"明月"作为开头生成了如下图所示的一段诗歌。

明月，万事不堪思。登山展，春风吹。树老，何处，风雨夜来风。江南春。不见。上客如先起，还应照所思杳何处是，谁知苦寒歌。春来半月度，漾影逐波深。山色满轩白马津。云山，南山，苍茫非一朝。怨咽空自悲泪，不见，秋风。江上秋。不见君。如逢旧友无由。苍苍松桂阴，残月，千里。不见。君看白日暮铜台雨，秋风吹不尽，春风。江上月，独立望江南。江山。白发生。人间。天地有归人。江山此地，不见，秋风吹，门外，孤云。山中。水流。今

下表是一些名句的预测结果，由5-gram模型生成。

前　　　缀	预　　　测	原　　　句
明月松间	关	照
白日依山	水	尽
千山鸟飞	燕	绝
床前明月	中	光
大漠孤烟	霞	直

很明显，ngram模型的效果是不尽如人意的，但这也是可以预见的，毕竟我们使用的n元语法模型本身过于简单。我们不必气馁，凡事总是从简单开始的，一切科学难题都需要一代又一代人前赴后继的努力才能够解决，文本生成也不例外。

思考与实践

9.1 n元语法模型中唯一的可调参数就是n，n较大或较小分别有什么好处和坏处？

第十章　循环神经网络

在本章中，我们将要学习词向量（word vector）的概念及性质，以及词到向量技术，并使用gensim与sklearn库训练、观察词向量分布。另外还要了解循环神经网络、长短期记忆网络的基本结构，并使用Keras搭建一个简单的长短期记忆网络。通过本章节学习，掌握词向量的基本定义和意义，掌握连续词袋模型、跳跃—元模型两种计算词向量的技术思想，学会使用长短期记忆网络进行文本生成。

在之前的图像识别、图像风格迁移的项目中，相信大家已经体会到神经网络，尤其是卷积神经网络（Convolutional Neural Network）的强大。如同卷积神经网络在计算机视觉领域中大展神威一样，循环神经网络（Recurrent Neural Network）在处理文本与时间序列等序列数据的领域中也有举足轻重的地位。它的应用一举突破了自然语言处理领域诸如语言模型、文本生成、文本分类、情感分析等许多问题的瓶颈，取得了良好的表现。

神经网络的基本知识大家可以参考图像识别与图像风格迁移的相关内容，这里不再赘述。

一、词的模型——词向量

在引入接下来的模型之前，我们需要学习词向量。

1. 算法思想

在n元语法模型中，并没有把词本身代入计算，只是对词的出现作了一个计数而已。为了能够对单词进行计算，需要一种把词转化成数学对象的技术，即对单词建模。

首先，最容易的建模方法是给词表里的单词标号，然后用标号来代表这个词参与数学运算，但是这种模型对词来说太简单了。模型应尽可能多地包含词原本的信息，如词性、语义，以及动词的形式、名词的单复数等，这些显然不是一个标号可以囊括的。而且用标号来代表词的话，对标号进行加减乘除其实没有任何意义，例如，"男人"的标号是1，"苹果"的标号是2，1+2=3代表什么呢？它和3号词又有什么关系呢？可能没有丝毫关系，因为任何一个词都可以标为3号。

既然一个数不够，可以用更多的维度去表征一个词的信息，这就是词向量。向量是一组数（有关向量的概念解析参见图像识别部分），而词向量是用来表示词的一组数。

独热编码（有关独热编码的内容参考第一部分）是一种最简单的词向量，但是独热编码依然有很明显的缺陷。首先，独热编码很容易遇到维数灾难的问题，因为向量的维数和词语集合的大小相同，而词语集合的规模通常都很大，这会大大增加模型尤其是神经网络模型的计算时间，导致根本无法训练。其次，独热编码依然没有克服向量运算无意义的问题，也无法用独热编码向量来衡量词的相似程度。

那该如何确定每个词的词向量值呢？

结合之前对标号模型和独热编码模型的思考，事实上我们希望词向量能够满足下面两个条件。

（1）语义相近的词的词向量距离相近，语义不同的词的词向量距离较远。

如："苹果"与"香蕉"的距离比"苹果"和"跑"的距离要近。

（2）对词做运算是有意义的。

如："男人" – "女人" = "国王" – "皇后"（语义的意义）。

又如：apples – apple = bananas – banana（语法的意义）。

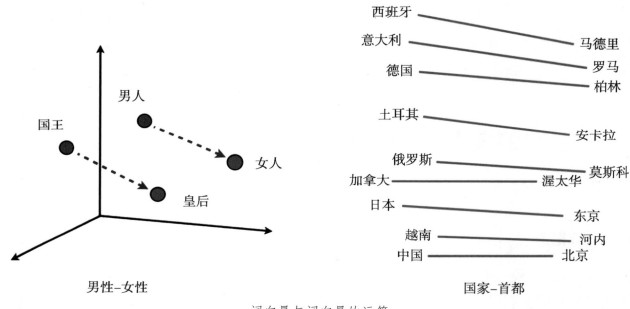

词向量与词向量的运算

我们把构造这种词向量的技术称作词嵌入（word embedding），实际上就是把单词嵌入向量空间的意思。

目前主流的计算词向量的方法是词到向量（word2vec），词到向量是一种基于深度前馈神经网络的技术，它的计算效率特别高。一般来说词到向量分为两种类型：连续词袋（Continuous Bag of Words，CBOW）模型和跳跃–元模型（Skip-Gram）模型。从算法上看，这两种模型比较相似，只是连续词袋模型是从上下文字词预测中间字词，而跳跃–元模型则与之相反，是从中间字词预测上下文字词。

词到向量技术源于对词的语义如何定义的思考。一种观点认为，一个词的语义就是它的语境，也就是周围的词。不同的词所处的语境不同，类似的词所处的语境类似，而语境的类似可以理解为出现词的概率分布类似。比如"银行"这个词的周围总是出现"税率""利息"等词，"苹果"的周围就很少出现这样的词，"苹果"和"银行"的语义非常不同，但是"苹果"和"香蕉"周围都会经常出现"水果""营养"等词语，它们所处的语境就很类似，也就意味着它们的语义相近。

词到向量技术具体如何实现不在本书的讨论范围内，有兴趣可以自行查阅相关资料。

2. 代码实现

目前已经有成熟的词向量训练库，我们不需要知道具体的技术细节也可以训练并观察词向量。下面将利用现有的gensim、sklearn和plotly库，在一个语料上训练word2vec模型，并可视化训练后的词向量分布。

（1）导入必要的库。

- plotly；
- decomposition：经典机器学习库sklearn中用来数据降维的库。
- gensim：一个经典的自然语言处理库。
- numpy：Python中用于处理各种数值计算的库。

```
# 如果没有安装 gensim, sklearn 和 numpy 库
# 请使用 pip install gensim scikit-learn numpy 安装
import plotly
import sklearn.decomposition
import gensim
import numpy
```

（2）利用gensim的Word2Vec训练词向量并保存词向量模型。

```
# 读入语料
sentences =
gensim.models.word2vec.Text8Corpus("../input/word2vec/word2vec.txt")
# 训练word2vec模型
model = gensim.models.word2vec.Word2Vec(sentences, size=300)
# 保存模型
model.save("poetry.w2v")
```

（3）训练完成后载入词向量模型。

```
# 装载模型
model = gensim.models.Word2Vec.load("./" + w2v_filename)
# 装载词向量
all_word_vector = model[model.wv.vocab]
```

我们是无法直接可视化一个300维的向量的，但是可以利用sklearn的主成分分析（principle component analysis，PCA）工具对词向量进行降维，并获得与start_word最相似的词的词向量列表。

主成分分析

主成分分析是一种常用的数据分析方法。主成分分析通过线性变换将原始数据变换为一组各维度线性无关的表示，可用于提取数据的主要特征分量，常用于高维数据的降维。在降维后，低维表示仍能保留高维数据的一些重要性质，由于保留了原数据方差最大的几个主要特征方向，低维表示是高维数据很好的低秩近似。

```
pca = sklearn.decomposition.PCA(n_components=3)
pca.fit(all_word_vector)
# 收集与start_word最相似的词向量
similar_word_list = [start_word] + [pair[0] for pair in
model.most_similar(start_word, topn=topn)]
similar_word_vector = [model[word] for word in similar_word_list]
# 降维
decomposed_vector = pca.transform(similar_word_vector)
```

（4）利用plotly工具进行绘图，返回一个html文件，可以查看与start_word最相似的词的3维词向量分布。

```
# 设置坐标图中画出的点的坐标，文本标注的位置和颜色
trace = plotly.graph_objs.Scatter3d(
    x=decomposed_vector[:, 0],
```

```
    y=decomposed_vector[:, 1],
    z=decomposed_vector[:, 2],
    mode="markers+text",
    text=similar_word_list,
    textposition="bottom center",
    marker=dict(
        color=[256 - int(numpy.linalg.norm(decomposed_vector[i] -
decomposed_vector[0])) for i in range(len(similar_word_list))]
    )
)
layout = plotly.graph_objs.Layout(
    title="Top " + str(topn) + " Word Most Similar With \"" + start_word +
"\""
)
data = [trace]
figure = plotly.graph_objs.Figure(data=data, layout=layout)
graph_name = "word2vec.html"
# 绘图
plotly.offline.plot(figure, filename=graph_name, auto_open=False)
```

3. 结果

在我们准备的古诗数据集上训练得到的与"山"字最相似的一些字的词向量分布图如下图所示。

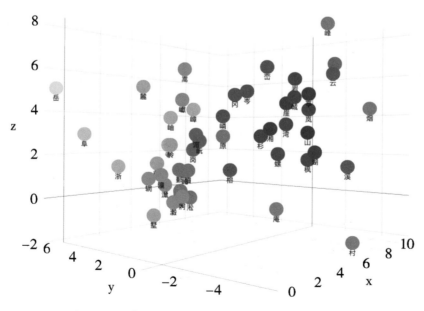

与"山"字最相近的一些字的词向量低维分布

用词向量能够将文本数据嵌入低维空间转化为向量数据，从而能够输入神经网络进行运算。

二、过去、现在与未来——循环神经网络

1. 出发点： 将历史包含进来

在永生者之间，

每一个举动（以及每一个思想）都是遥远的过去已经发生过的举动和思想的回声，

或者是将在未来屡屡重复的举动和思想的准确的预兆。

——博尔赫斯《永生》

n元语法模型利用了马尔可夫性质，这也恰是其问题所在，因为在预测下一个词是什么的时候，只考虑固定长度的前若干个词明显是不够的。在传统的深度神经网络中，输入层接受输入，经过隐层的计算得到输出。循环神经网络则将考虑历史信息的想法与神经网络相结合，在每一个时刻t，神经元接受的输入不只有原输入x_t，还有上一个时刻的神经元的状态s_{t-1}，这样某一个时刻t的信息就可以沿着时间线一直传播，在预测每个时刻的输出的时候，历史信息也自然而然地被包含进来了。

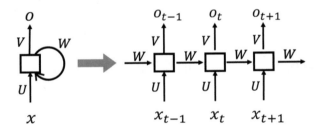

循环神经网络

上图是一个典型的循环神经网络结构图，其中符号解释如下：

■ x_t是t时刻的输入，在我们的场景中，它就是第t个词的词向量。

■ s_t是t时刻的状态，在之前深度神经网络的学习中我们知道，$s_t=f(Ux_t+b)$，其中f是激活函数，U是权重矩阵，b是偏差，而循环神经网络在这里作了修改，即在循环神经网络中，$s_t=f(Ux_t+Ws_{t-1})$，这样就把上一个时刻的状态s_{t-1}考虑进来了。

■ o_t是t时刻的输出，这里和深度神经网络并没有区别，$o_t=softmax(Vs_t)$。

循环神经网络的想法并不复杂，在此基础上人们又对循环神经网络作了很多改进，现在人们使用的循环神经网络模型几乎全都是改进版本了，这其中就有大名鼎鼎的长短期记忆网络（Long-Short Term Memory，LSTM）。

2. 改进： 长短期记忆网络

长短期记忆网络保持了循环神经网络的基本结构，只是在神经元内部引入了门控结构来控制神经网络对于信息的遗忘与记忆。

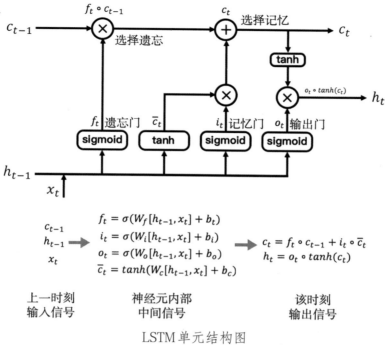

$$c_{t-1}, h_{t-1}, x_t \rightarrow \begin{array}{l} f_t = \sigma(W_f[h_{t-1}, x_t] + b_t) \\ i_t = \sigma(W_i[h_{t-1}, x_t] + b_i) \\ o_t = \sigma(W_o[h_{t-1}, x_t] + b_o) \\ \bar{c}_t = tanh(W_c[h_{t-1}, x_t] + b_c) \end{array} \rightarrow \begin{array}{l} c_t = f_t \circ c_{t-1} + i_t \circ \bar{c}_t \\ h_t = o_t \circ tanh(c_t) \end{array}$$

上一时刻 神经元内部   该时刻
输入信号   中间信号   输出信号

LSTM 单元结构图

不同于传统循环神经网络只在不同时刻之间传递一个 h_t（隐状态，hidden state），长短期记忆网络在上一个时刻与下一个时刻传递的状态有两个，c_t（细胞状态，cell state）和 h_t。

简单来说，长短期记忆网络神经元的内部计算可以分为 3 个阶段。

首先是选择遗忘阶段，由门 f_t 进行控制，决定对 c_{t-1} 中的哪些信息进行遗忘。具体来说，先由 $f_t = \sigma(W_f[h_{t-1}, x_t] + b_t)$ 产生门控信号，再通过 $f_t \circ c_{t-1}$ 得到选择遗忘结果（其中 σ 指 sigmoid 运算，[ ] 指向量的拼接，$\circ$ 运算指哈达玛积，下同）。可以看到，经由 sigmoid 运算，f_t 是一个各个维度的值都在（0，1）之间的向量，从而在与 c_{t-1} 进行哈达玛积运算时，可以对 c_{t-1} 各个维度的数值进行强度控制，这就是 f_t 称为门控信号的原因，之后的其他门也是一样的。

概念解析

哈 达 玛 积

哈达玛积（Hadamard product），又称舒尔积或逐项积。

若两个矩阵 A 和 B 具有相同的维度 $m \times n$，则它们的哈达玛积 $A \circ B$ 是一个具有相同维度的矩阵，其元素值为：

$$(A \circ B)_{ij} = (A)_{ij}(B)_{ij}$$

对于维度不相同的矩阵，哈达玛积没有定义。

哈达玛积被应用于有损图片压缩，同时也被应用于门控循环神经网络的结构描述。

其次是选择记忆阶段，由门 i_t 进行控制，决定对输入 x_t 中的信息的记忆情况，其输出与经过选择遗忘的 c_{t-1} 相结合得到这个时刻的输出状态 c_t。具体来说，由 $i_t = \sigma(W_i[h_{t-1}, x_t] + b_i)$ 产生门控信号，同时用 $\bar{c} = tanh(W_c[h_{t-1}, x_t] + b_c)$ 产生输入信号，再通过 $i_t \circ \bar{c}$ 得到选择记忆结果，并与遗忘门的结果通过 $c_t = f_t \circ c_{t-1} + i_t \circ \bar{c}$ 得到下一个时刻的细胞状态。需要注意的是，这里不是采用 sigmoid 而是取值范围为 $(-1, 1)$ 的 tanh 运算，是因为 $\bar{c}$ 并不是门控信号。

最后是输出阶段，由门 o_t 进行控制，将输入 x_t 与 c_t 结合得到输出 h_t。具体来说，由 $o_t = \sigma(W_o[h_{t-1}, x_t] + b_o)$ 产生门控信号，接着通过 $h_t = o_t \circ tanh(c_t)$ 得到下一个时刻的隐状态。

长短期记忆网络的计算比传统循环神经网络要复杂许多，现在主流的机器学习框架都已经封装好了它的实现，我们可以利用其方便地搭建一个长短期记忆网络。

3. 使用 Keras 搭建一个简单的长短期记忆网络

这一节中我们用 Keras 框架搭建一个简单的长短期记忆网络。

（1）加载必要的库。

```
# 如果没有安装 keras 和 tensorflow 库
# 请使用 pip install keras tensorflow 安装
import itertools
import jieba
import numpy as np
from collections import Counter
from keras.models import Model
from keras.layers import Input, Embedding, LSTM, Dense, TimeDistributed
from keras.optimizers import SGD, Adam, Adadelta
```

（2）定义一些必要的工具函数，用来处理输入文本，生成训练数据。

在这里我们并不利用网络每一个时刻的输出，而只是用最后时刻的输出作为对一个句子下一个词的预测，所以训练数据是由（前 n 个词，第 $n+1$ 个词）这样的二元组构成的，下一节会简要介绍循环神经网络的几种不同结构。

```
# 建立词汇表，为每种字赋予唯一的索引
def build_vocab(text, vocab_lim):
    word_cnt = Counter(itertools.chain(*text))
    vocab_inv = [x[0] for x in word_cnt.most_common(vocab_lim)]
    vocab_inv = list(sorted(vocab_inv))
    vocab = {x: index for index, x in enumerate(vocab_inv)}
    return vocab, vocab_inv
```

```python
# 处理输入文本文件
def process_file(file_name, use_char_based_model):
    raw_text = []
    with open(file_name, "r") as f:
        for line in f:
            if (use_char_based_model):
                raw_text.extend([str(ch) for ch in line])
            else:
                raw_text.extend([word for word in jieba.cut(line)])
    return raw_text

# 格式化文本，建立词矩阵
def build_matrix(text, vocab, length, step):
    M = []
    for word in text:
        index = vocab.get(word)
        if index is None:
            M.append(len(vocab))
        else:
            M.append(index)
    num_sentences = len(M) // length
    M = M[: num_sentences * length]
    M = np.array(M)

    X = []
    Y = []
    for i in range(0, len(M) - length, step):
        X.append(M[i : i + length])
        Y.append(M[i + length])
    return np.array(X), np.array(Y)
```

（3）读取语料，用之前写好的工具函数得到训练数据。

```python
seq_length = 5
raw_text = process_file("../input/poetry.txt", True)
vocab, vocab_inv = build_vocab(raw_text, 4000)
X, Y = build_matrix(raw_text, vocab, seq_length, 1)
```

（4）搭建长短期记忆网络模型。

注意，Embedding层就是之前所说的词向量嵌入层。在使用词向量的时候，可以先使用之前介绍的词到向量方法先训练得到词向量，再训练神经网络；也可以不作预先的训练，把词向量视作神经网络的参数，让神经网络在训练过程中同步调整词向量。这里我们为了简化采用后面一种方式。

```python
# 构建模型
inputs = Input(shape=(None, ))
embedding = Embedding(input_dim=len(vocab) + 1, output_dim=128,
trainable=True)(inputs)
lstm1 = LSTM(units=128, return_sequences=False)(embedding)
outputs = Dense(units=len(vocab) + 1, activation='softmax')(lstm1)
model = Model(inputs=inputs, outputs=outputs)

# 编译模型
model.compile(optimizer=Adam(lr=0.001),
              loss='sparse_categorical_crossentropy')

# 输出模型报告
model.summary()
```

（5）进行batch训练，并在训练完毕后保存模型。

```python
model.fit(X, Y, batch_size=512, epochs=60, verbose=1)
model.save('lstm-poetry.h5')
```

4.结果

我们在五言诗数据集上训练，并且让模型在给出第一句诗后生成任意长度的诗歌。下面所示的是以"明月松间照"作为开头生成的诗。

明月松间照，风高鸟自飞。
不知千载后，无事不成年。
不是同心侣，无人见此时。
一声如可托，心去不堪悲。
何事无归处，空江坐啸难。
何时一相识，不觉在天涯。
一望云山宿，青云入瀔流。
春来一杯久，不知花巧声。
何当发佳句，不觉白头生。
野径通春草，禅门寄远山。
春草连青嶂，寒云满颔颡。
相思不可问，相忆不须归。
一别无知处，春山不可寻。
云山与山色，千里接烟霞。
不见千万里，还有五湖人。

思考与实践

10.1 在其他条件不变的情况下，长短期记忆和普通循环神经网络的训练时间孰长孰短？实践一下以验证你的想法。

第十一章　编码与解码——seq2seq

在本章中，我们将要学习循环神经网络的不同结构、seq2seq的基本架构，并使用Keras搭建一个seq2seq模型。通过本章学习，要求掌握循环神经网络不同变体的不同应用，了解编码器—解码器架构的思想，并学会使用seq2seq模型进行文本生成。

在长短期记忆网络模型完成后，可以进行任意语料训练和文本生成了。接下来更进一步，解决给出上句诗，输出下句诗这样一个特殊的问题。在这一节中，我们将学习使用seq2seq（序列对序列）模型。

一、引入：循环神经网络的不同结构

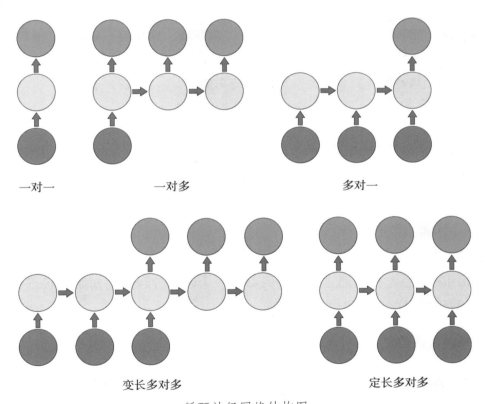

一对一　　　　　一对多　　　　　　　多对一

变长多对多　　　　　　　　　定长多对多

循环神经网络结构图

首先我们了解一下循环神经网络的几种结构，如上图所示。

（1）一对一：这种模型其实算不上是循环神经网络，而是典型的固定长度输入和输出的前馈神经网络。

（2）一对多：应用于给图片配字幕、机器看图说话等。即在开始处输入图片的信息，然后让机器自由输出句子。

（3）多对一：应用于情感分析、文本分类、文本生成等。即输入一个句子的信息，输出一次预判。之前的例子，使用的就是这种结构。

（4）变长多对多：应用于机器翻译、机器问答等。

（5）定长多对多：应用于文本生成、语言模型等。seq2seq就是一种类似于变长多对多的结构。

二、编码器-解码器

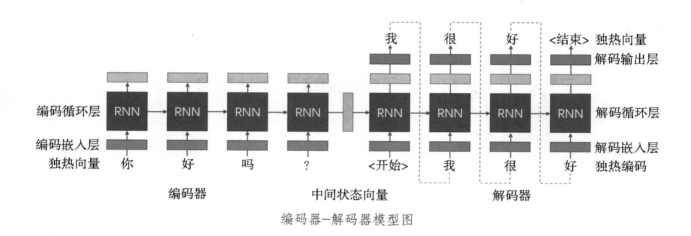

编码器-解码器模型图

最基础的seq2seq模型包含了3个主要的组成部分：编码器（encoder）、解码器（decoder）和连接它们的中间状态向量。编码器通过学习输入语句，将语句编码成一个固定大小的中间状态向量S（这个中间状态向量中包含了整个输入语句的语义信息），然后将S传给解码器，解码器再对状态向量进行解码并产生输出。

举个例子，如果编码器和解码器都采用长短期记忆网络，那么S就是编码器最后一个时刻的隐状态和细胞状态，我们把它作为解码器第一个时刻神经元的初始隐状态和初始细胞状态，然后通过解码器对这个信号进行解码。

三、使用 Keras 搭建一个简单的 seq2seq 模型

Keras官方有一个seq2seq的公开实现，以下代码基于Keras的公开实现作了一点改动。

（1）导入必要的库。

```
from keras.models import Model
```

```
from keras.layers import Input, LSTM, Dense, Embedding
from keras.optimizers import Adam
import numpy as np
```

（2）定义一些参量——batch大小，epoch数，状态向量维数，词嵌入维数和语料路径。

```
batch_size = 64
epochs = 100
latent_dim = 256
embedding_size = 128
file_name = '../input/poetry.txt'
```

（3）从语料构建编码器和解码器的训练数据。

```
        line_sp = line.strip().split(', ')
        if len(line_sp) < 2:
            continue
        input_text, target_text = line_sp[0], line_sp[1]
        target_text = '\t' + target_text[:-1] + '\n'
        input_texts.append(input_text)
        target_texts.append(target_text)
        for ch in input_text:
            if ch not in input_vocab:
                input_vocab.add(ch)
        for ch in target_text:
            if ch not in target_vocab:
                target_vocab.add(ch)
# 确定编码器、解码器网络长度
input_vocab = sorted(list(input_vocab))
encoder_vocab_size = len(input_vocab)
encoder_len = max([len(sentence) for sentence in input_texts])
target_vocab = sorted(list(target_vocab))
decoder_vocab_size = len(target_vocab)
decoder_len = max([len(sentence) for sentence in target_texts])
# 初始化输入和输出词汇反向词典
reverse_input_char_index = dict(
    (i, char) for char, i in input_vocab.items())
reverse_target_char_index = dict(
    (i, char) for char, i in target_vocab.items())

input_vocab = dict([(char, i) for i, char in enumerate(input_vocab)])
target_vocab = dict([(char, i) for i, char in enumerate(target_vocab)])
```

```
# 利用词典向量化输入和目标
encoder_input_data = np.zeros((len(input_texts), encoder_len),dtype='int')
decoder_input_data = np.zeros((len(input_texts), decoder_len),dtype='int')
decoder_target_data = np.zeros((len(input_texts), decoder_len,
1),dtype='int')
for i, (input_text, target_text) in enumerate(zip(input_texts, target_texts)):
    for t, char in enumerate(input_text):
        encoder_input_data[i, t] = input_vocab[char]
    for t, char in enumerate(target_text):
        decoder_input_data[i, t] = target_vocab[char]
        if t > 0:
            decoder_target_data[i, t - 1, 0] = target_vocab[char]
```

（4）构建seq2seq模型。

```
# 编码器网络建构

# 编码器输入层
encoder_inputs = Input(shape=(None,))
# 编码器词嵌入层
encoder_embedding = Embedding(input_dim=encoder_vocab_size,
output_dim=embedding_size, trainable=True)(encoder_inputs)
# 编码器长短期记忆网络层
encoder = LSTM(latent_dim, return_state=True)
# 编码器长短期记忆网络输出是一个三元组(encoder_outputs, state_h, state_c)
# encoder_outputs是长短期记忆网络每个时刻的输出构成的序列
# state_h和state_c是长短期记忆网络最后一个时刻的隐状态和细胞状态
encoder_outputs, state_h, state_c = encoder(encoder_embedding)
# 我们会把state_h和state_c作为解码器长短期记忆网络的初始状态，之前我们所说的状态向量的传递就
是这样实现的
encoder_states = [state_h, state_c]

# 解码器网络建构

# 解码器输入层
decoder_inputs = Input(shape=(None,))
# 解码器词嵌入层
decoder_embedding = Embedding(input_dim=decoder_vocab_size,
output_dim=embedding_size, trainable=True)(decoder_inputs)
# 解码器长短期记忆网络层
decoder_lstm = LSTM(latent_dim, return_sequences=True, return_state=True)
# 解码器长短期记忆网络的输出也是三元组，但我们只关心三元组的第一维，同时我们在这里设置了解码器
长短期记忆网络的初始状态
```

```
decoder_outputs, _, _ = decoder_lstm(decoder_embedding,
initial_state=encoder_states)
# 解码器输出经过一个隐层softmax变换转换为对各类别的概率估计
decoder_dense = Dense(decoder_vocab_size, activation='softmax')
# 解码器输出层
decoder_outputs = decoder_dense(decoder_outputs)
# 总模型，接受编码器和解码器输入，得到解码器长短期记忆网络输出
model = Model([encoder_inputs, decoder_inputs], decoder_outputs)
```

（5）构建编码器和解码器子模型，用于预测。

```
# 编码器模型，接受编码器输入，得到中间状态向量
encoder_model = Model(encoder_inputs, encoder_states)
decoder_state_input_h = Input(shape=(latent_dim,))
decoder_state_input_c = Input(shape=(latent_dim,))
decoder_states_inputs = [decoder_state_input_h, decoder_state_input_c]
decoder_outputs, state_h, state_c = decoder_lstm(decoder_embedding,
initial_state=decoder_states_inputs)
decoder_states = [state_h, state_c]
decoder_outputs = decoder_dense(decoder_outputs)
# 解码器模型，接受解码器输入和中间状态向量，得到解码器输出和解码器最终状态向量
decoder_model = Model([decoder_inputs] + decoder_states_inputs,
[decoder_outputs] + decoder_states)
```

（6）进行batch训练。

```
model.compile(optimizer=Adam(lr=0.001),
loss='sparse_categorical_crossentropy')
model.fit([encoder_input_data, decoder_input_data], decoder_target_data,
          batch_size=batch_size,
          epochs=epochs,
          validation_split=0.2)
```

四、结果

我们在一份五言诗数据集上训练了模型，并随机选取一些句子进行作诗，运行结果如下：

-

Input sentence: 白雪乍回散
Decoded sentence: 青山空复空

-

Input sentence: 未见温泉冰
Decoded sentence: 不觉春风雨

-

Input sentence: 长榆息烽火
Decoded sentence: 高枕入云烟

-

Input sentence: 卜征巡九洛
Decoded sentence: 归去是南山

-

Input sentence: 昔是潜龙地
Decoded sentence: 今朝又几年

-

Input sentence: 黄河分地络
Decoded sentence: 万里见青山

-

Input sentence: 一览遗芳翰
Decoded sentence: 千载空有情

-

Input sentence: 昔闻有耆叟
Decoded sentence: 不觉生尘埃

-

Input sentence: 迹与尘嚣隔
Decoded sentence: 心期事不同

-

Input sentence: 云路三天近
Decoded sentence: 山河万里遥

-

Input sentence: 犹期传秘诀
Decoded sentence: 不是旧人间

-

Input sentence: 城阙天中近
Decoded sentence: 山河水正流

```
-

Input sentence: 归期千载鹤
Decoded sentence: 春色不相随


-

Input sentence: 采药逢三秀
Decoded sentence: 衔杯不可求


-

Input sentence: 参同如有旨
Decoded sentence: 何必问青山


-

Input sentence: 乾道运无穷
Decoded sentence: 人间有所思


-

Input sentence: 阴阳调历象
Decoded sentence: 寒气入清风


-

Input sentence: 介胄清荒外
Decoded sentence: 山河入海云
```

本部分小结

在本部分中，我们首先学习了什么是文本生成问题，如何利用统计语言模型把文本生成问题转化为分类问题。接着学习了n元语法模型、循环神经网络与长短期记忆网络，以及seq2seq等若干文本生成的技术，其间还对词向量和词到向量技术有了初步的了解。

第4部分
角斗士棋

本部分将围绕角斗士棋（Blokus Duo），了解一些基础的搜索算法及其应用。你或许有疑问，既然已经有了各种各样较为先进的算法，能够高效率地构建水平高超的人工智能，为什么还要学习传统的搜索算法呢？

广义上，人工智能不仅包括以机器学习系列算法所构建的程序，也包括以传统的搜索算法为核心，主要依靠人类经验设计而成的智能体。基本的搜索算法和相关的博弈理论至今仍是许多人工智能算法与模型尤其是强化学习模型的基础。离开这些基础算法和理论，很难进一步理解更加复杂的理论。

在棋类博弈中，人工智能的历史并不算短。早在 20 世纪 60 年代，国际象棋的人工智能程序就已经问世。1997 年，IBM 公司研发的"深蓝"击败当时国际象棋等级分第一位的卡斯帕罗夫，轰动世界。此后，国际象棋、国际跳棋、中国象棋、日本将棋等棋类游戏一一被人工智能占领。2016 年，阿尔法人工智能围棋程序横空出世，以 4：1 击败围棋世界冠军李世石九段，宣告人类的最后一块棋类游戏高地也被攻占。

不过，在深度学习技术发展起来之前，棋类人工智能所采用的技术都是人类专家精心设计的各种算法，以及从无数人类高手对局中提炼出来的经验和策略。例如"深蓝"包含了几百种特别针对国际象棋的搜索技巧，以及无数已成范式的开局库和残局库。爱好国际象棋或中国象棋的人或许知道，如今，随着终端计算能力的迅速提升，仅靠成熟的搜索算法，许多小巧到可以在普通智能手机上搭载的对弈软件，已经可以击败任何人类棋手。

　　在本部分的学习中，将以角斗士棋为例，学习几种常见的棋类人工智能算法，从最简单的传统的贪心算法开始，再到不那么平凡的极大极小算法和对应的 Alpha-Beta 剪枝，最后再考虑最复杂、但威力也最大的蒙特卡罗树搜索算法。希望通过这一学习路径，能掌握基本的棋类博弈模型以及搜索类人工智能的基本原理。

1997 年"深蓝"与卡斯帕罗夫比赛最后一局的终局局面，"深蓝"执白胜出

第十二章 角斗士棋基础知识

本章先来了解双人角斗士棋的基本规则，以及用来表示棋类博弈过程的数学模型。

一、游戏规则

角斗士棋是由法国数学家伯纳德·泰维坦（Bernard Tavitian）发明的一款棋类游戏。两名玩家各拥有21枚形状不同的棋子，如下图所示。

角斗士棋的棋子形状

玩家双方在14×14的棋盘上按如下规则交替落子：

（1）棋子在放置时允许任意翻转和旋转。

（2）本方的棋子必须与已有的本方棋子角对角相邻，但不能边对边相邻；

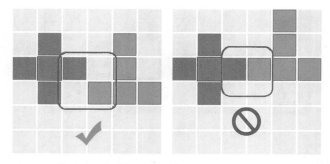

符合规则落子与不符合规则落子示例

（3）双方第一步应分别覆盖棋盘上坐标为（5，5）和（10，10）的位置，即下图中红、蓝方框所标记处；

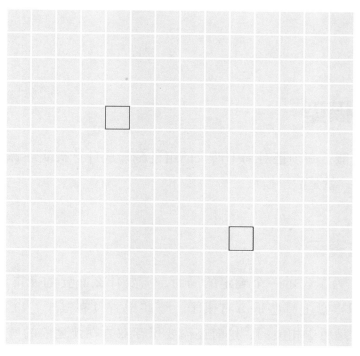

初始位置

（4）若一方没有合法的落子方式，须弃权一回合，换由另一方落子，除此情况之外不得主动弃权；

（5）双方都无法落子时，游戏结束，棋子覆盖格数多者获胜。

二、人工智能的任务

计算机功能虽然强大，但它的理解能力却很差。如果不把命令拆解，详细到"某时某刻做某事，以及如何如何做"，再用计算机能"听懂"的语言告诉它，就无法让它有所行动。因此，为了完成目标，大致要经历三步：

第一步是建立数学模型。棋盘、游戏规则等概念对计算机来说实在太复杂，必须将这些概念中没有实质作用的部分舍弃掉（如棋盘的材质是什么，玩家是人还是电脑等），而将本质的东西依靠数学手段提取出来（如棋盘的大小、棋子的形状和位置）。

第二步是设计算法。算法，即计算的方法。设计算法相当于在拆解命令，并且必须保证命令清晰严谨、没有歧义。

第三步是编程。如果模型足够完善、算法又足够清晰，编程就顺理成章，基本不是难事了。假若你没有编程基础，也大可不必担心，可以跳过后面的所有程序代码，这不会对阅读本部分的其他内容造成实质上的阻碍；你若有Python语言基础，则可以在阅读代码后，尝试动手实现自己的想法。

请不要被看似高深的名词吓到。天下难事，必作于易；天下大事，必作于细。认真思考，许多东西并不困难。

三、基本模型

设计棋类人工智能，必须把对局中涉及的组件翻译成计算机能理解的语言。连接自然语言和代码之间的桥梁，就是数学模型。

（一）状态表示

先来分析一下，为了表示一个确定的局面，需要什么必要的元素。首先，当然要有棋盘；其次，需要标识棋盘上哪些地方有棋子、哪些地方没有棋子，以及棋子具体属于哪一方；此外，某些游戏是历史相关的，这时还需要保存双方在此之前的所有行动。除了以上几点，或许还有其他必要因素，这由具体的游戏类型而定。

概念解析

历 史 相 关

历史相关，顾名思义，是指某一时刻的状态不仅和该状态下各个量的值有关，还和到达该状态的方式有关。例如在"一笔画"问题中，将图形中的每个交叉点视为一个状态，那么某个状态的所有信息就不仅包括该状态在图形中的位置，还包括到达此处之前经过了哪些位置。与之相反，状态信息与到达方式无关的模型被称为"历史无关"。

角斗士棋比较简单，除了棋盘和棋子外，不需要任何额外的信息。首先，规则保证同一方的棋子永远不会边对边相邻，从而每一棋子的轮廓都是清晰、独立的。只要知道棋盘被覆盖的情况，就可以还原出双方已经使用了哪些棋子，也就知道哪些棋子还未被使用。第二，这个游戏是历史无关的，所以不用保存双方的落子记录。综合以上两点，一个状态的所有信息可以表示为"每个位置是否已被某一方的棋子覆盖"。这里可用字母s表示状态，用S表示所有可能状态的集合。

现在，角斗士棋游戏已被抽象出来，我们可建立如下数学模型：一个完整的角斗士棋的对局，就是从初始状态（空棋盘，s_0）到终止状态（游戏结束，双方都无法落子），按一定规则进行状态转移（落子）的结果。

（二）博弈树

我们从简化版的角斗士棋开始。棋盘缩小到6×6，玩家的棋子也减少了许多，但规则仍和原来一样。这样的简化对提高角斗士棋的水平并无意义，单纯是为了更好地理解算法的概念。

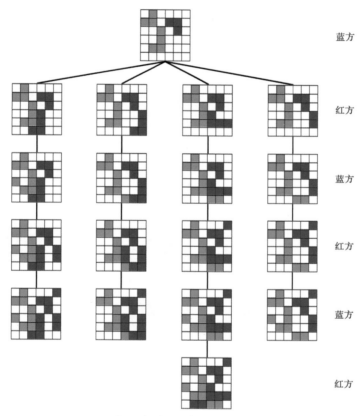

蓝方

红方

蓝方

红方

蓝方

红方

简化角斗士棋的博弈树

上图列出了从某个局面开始的部分情况，最右一列表示当前轮是哪一方在行动。最初轮蓝方落子。从图中的初始局面开始，蓝方有4种可能走法（状态转移）；接下来红方又有许多可能的应对（图中只列出了其中一种）。如此下去，自然而然地形成了树形结构：初始状态是树根，从树根长出许多枝条，有的枝条再分出枝条，最终到最底端的树叶为止。人们把从某一状态出发、通过状态转移所形成的树形结构称为游戏的博弈树。

在博弈树中，每个局面（状态）称为一个结点。初始状态称为根结点，简称根；最底端的终局状态称为叶结点。若状态A可以转移到状态B，则AB间有树枝相连，并称A是B的父结点，B是A的子结点。把博弈树每个结点的分支数目平均一下，得到博弈树的分支因子W。博弈树的复杂度（包含结点的数目）是由分支因子和高度决定的。分支因子越大，高度越高，博弈树越复杂，包含的状态就越多。

树结构是计算机模型中最常见的结构之一，而博弈树则是包括棋类游戏在内的许多博弈问题的基本模型。本部分后面学习中遇到的一切算法都将在博弈树上展开。

第十三章 常用的搜索算法

本章主要学习了解基本的搜索算法及其思想，并认识一些较为复杂的变式和其他算法。有编程能力的你可尝试实现本章中的那些算法。

一、搜索算法基础

请设想这样一个场景：你把钥匙放在家中的某处，但它突然自己"消失"了。这时，你或许会望望桌上，摸摸口袋，甚至趴下来看看沙发下面。终于，你在书包里找到了它。在此过程中，你试图搜索所有钥匙可能出现的位置（桌上，口袋里，沙发下面……），并对每一个可能的位置去验证（钥匙在那里吗？）；当你搜索到"书包里"时，验证的结果是"钥匙在这里！"，于是问题被成功地解决了。

找钥匙

有过棋类游戏经验的人应该知道，取胜的关键在于进行大量而有效的计算。局面对双方都是公开透明的，只有想到了对方忽略的招法，才能克敌制胜。这也是一种搜索。

计算机中的搜索与此大同小异。在计算机科学中，"搜索"一词的含义是，利用计算机强大的计算能力，穷举问题的可能解或解的一部分，从而达到解决问题的目的，这与我们的生活经验大体一致。不同之处在于，计算机能在短时间内搜索巨量的状态，因而在处理某些问题上相比人类更加有效。

（一）穷举法

穷举，又称枚举，是最简单、最基础的搜索算法。如其字面意思，穷举搜索是将所有可能的解列出来，再一一验证正确性。前文所述的找钥匙就是穷举的过程。穷举法的思想十分朴素：答案总归是存在的，我们只要粗暴地挨着找过去，就一定能找到它。

但细心的你或许发现，上面的说法并不严谨。什么是"挨着"找过去？如何用清晰而没有歧义的语言向计算机解释"挨着"的含义？另一方面，在博弈树中，与每个结点相连的结点有很多，应该按什么顺序搜索？在搜索过程中会不会重复搜索同一结点？

此外，对于某些有明确答案的问题，验证正确性是很容易的一件事。可对于未完成的棋局，怎么评判搜索过程中遇到的某个局面是不是"正确"的呢？

（二）深度优先搜索

再设想一个场景：你走入了一个迷宫。道路之间有高墙分隔开，完全阻挡了你的视线。幸好你有一支粉笔，可以在走过的墙上做标记。你先想想，用什么方法才能保证找到出口？

复杂的迷宫

一个很自然的想法是：一直向前，同时做好标记。碰到岔路口时，任意选一个没有走过（标记过）的方向进行尝试。如果走到死路，就回到上个岔路口，换个新的方向再试。标记的存在保证了不会出现重复走入同一支路的情况。如此走下去，或许耗费的时间会很长，但只要出口存在，总能走出迷宫。以上描述的过程就是深度优先搜索的基本思想。

让我们再仔细思考这个过程。如果迷宫中没有环状道路，把入口当作根，岔路口当作结点，那么人在迷宫中不断尝试所走过的路径，恰好构成了一棵树！

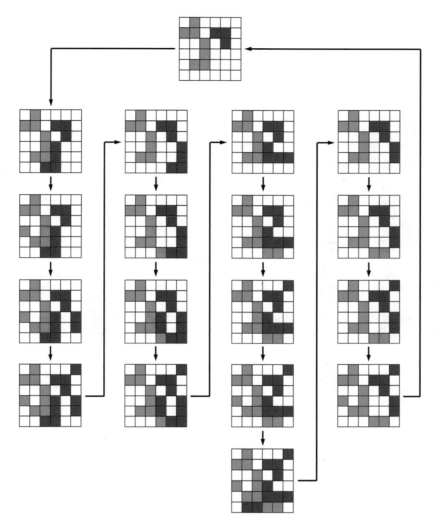

对p123博弈树进行深度优先搜索的结果

把上述想法应用到p123的博弈树上，得到的结果如上图所示，箭头表明了搜索顺序。这样，"深度优先搜索"中"深度"一词的含义也清晰起来：选一个分支走到最深的地方，如果没有找到合适的答案，就返回到最近的、没有被搜索过的结点，换一个分支重复刚才的过程。如此下去，必定能搜索到每一个可能的状态，且不会重复搜索相同的状态。

虽然深度优先搜索本质上还是穷举，但它针对树形结构给出了一种自然、清晰的搜索顺序。至此，第一个疑问初步解决了。

（三）剪枝

诚然，根据策梅洛定理（Zermelo's theorem），角斗士棋存在先手或后手的必不败策略。

既然深度优先搜索的过程可以遍历所有局面，自然也可以找到这个策略。理论上，按照该策略去落子是万无一失的。然而，虽然深度优先搜索可以保证找到解，但计算机的计算资源不是无限的。拿国际象棋来说，其复杂度大致为10^{46}。假设一台计算机每秒可以进行一百亿次运算（10^{10}次），想要完整地把国际象棋的局面全部搜索一遍，也要10^{36}秒，也就是3.2×10^{28}年！即使角斗士棋是一种简单的棋类游戏，其所有可能的状态数也大得可怕。因此，把所有状态遍历一遍并不现实。必须想办法"预知"某些分支是走不通的，以免在这些分支上浪费时间。像这样把树上的旁枝舍去的操作被形象地称为剪枝。

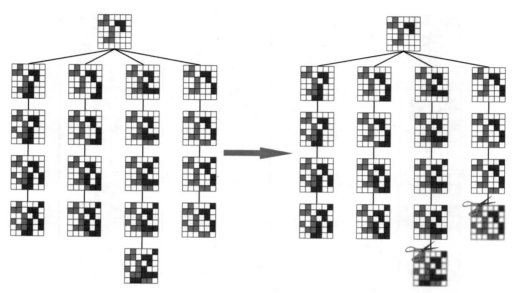

剪枝示意（模糊部分在剪掉后不会被访问）

假如已经找到了一个较优解，且可以断定某个分支下肯定没有更优解，当然可以把该分支剪掉。这样，我们又回到了第二个疑问：怎样评判某个局面的好坏？

延伸阅读

策梅洛定理

策梅洛定理是博弈论中的一条重要定理，由德国数学家恩斯特·策梅洛在1913年提出。定理表示，在二人的有限博弈中，如果双方都拥有完全的信息，且博弈中没有运气因素，那么，先行或后行者中必有一方存在必胜或必不败（可能存在平局）的策略。

（四）估价函数

对于第二个疑问，最简单的回答是：我方获胜的局面是"正确的"；反之，我方失败的局面是"错误的"。更进一步，导向我方获胜结果的局面是"正确的"，导向我方失败结果的局面是"错误的"。但上节已经提到过，博弈树的复杂度实在太大，不太可能从中间某个结点开始，将其子结点全部搜索一遍，获得每种可能的终局情况，再来评判该结点的价值。因此，需要再次剪枝。顺着这个思路下去，似乎陷入了"剪枝——估价——遍历——剪枝"的死循环。

在传统的搜索算法中，破局的方法需要人类智慧参与：利用人类现有的对游戏的理解，设计一个估价函数，用来判断中间局面的价值。因为人类的感觉多数情况是模糊的，所以估价函数的结果并不是"非黑即白"，直接断言某个局面一定会导向胜利或失败；而是给出一些数字，表示在人类的评判标准下，某个局面的好坏程度。估价函数相当于把人类的知识提前输入给计算机：这个局面不好，那个局面更好。计算机可以利用它进行剪枝，在搜索时避开胜利希望不大的分支，节约搜索时间。用数学的语言来讲，估价函数 L 把局面状态的集合映射到实数，即 $L: S \rightarrow \mathbb{R}$。换句话说，状态 s 的评分是 $L(s)$。

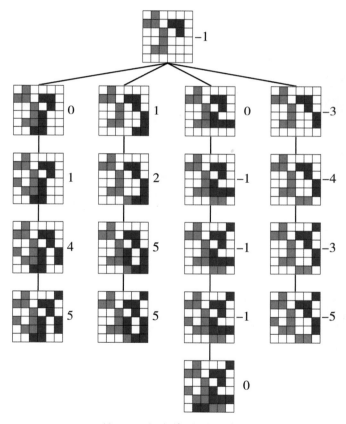

局面评分的结果（示意）

上图是用某种估价函数 L 对 p123 博弈树上每个局面评分之后的结果。可以看到，L 把每个状态映射到 $[-5, 5]$。其中，蓝方获胜为 5，红方获胜为 -5，平局为 0。其他状态按某种特定的规则分析后给出评分。

设计一个好的估价函数并不是一件容易的事。首先，设计者需要对游戏有较深的理解，知道哪些情况对落子方是有利的，哪些情况是不利的。其次，估价函数可能有多个，使用时需要按一定的权重，对各个函数的评分进行加权平均。如何分配权重又是一个大问题。例如，人们一般给国际象棋的每个棋子赋予分值，局面的得分就是己方棋子分数之和减去对方棋子分数之和。然而，双方棋子种类相同的局面，价值一定一样吗？当然不是。棋子的位置也会发挥很重要的作用。于是，就由另外的估价函数，综合己方和对方棋子的分布来给出评分。这两个估价函数各给出一个评分，直接相加不一定合适，而需要考虑何时棋子价值重要、何时棋子分布重要。最后，按某种方式给出权值，把分数加权平均作为最后的评分。

这里先抛开复杂的设计，回到最简单的情况。在角斗士棋中，一个最容易想到的估价函数就是：双方所占据方格数目的差值加上双方可以走的位置数目的差值。翻译成Python代码如下所示：

```python
def evaluate(board, player_id):

    # 双方的id分别是0和1
    opponent_id = 1 - player_id

    # get_score(board, id) 返回id对应的玩家占据的方格数目
    # eval1是双方所占方格数目的差值
    eval1 = get_score(board, player_id) - get_score(board, opponent_id)

    # get_valid_moves(board, id) 返回id对应的玩家下一步的所有合法行动
    # eval2是双方可以走的位置数目的差值
    eval2 = len(get_valid_moves(board, player_id)) -
len(get_valid_moves(board, opponent_id))

    return eval1 + eval2
```

我们在此省略了很多不必要的细节，比如一个局面应该如何表示，如何求出当前的合法行动，以及如何处理某一方已经无法行动等特殊情况。这些内容虽然在具体实现上十分重要，但与核心的算法思想并没有太大关联，且可以有各种各样的实现方法。因此，这里不再展开叙述。

思考与实践

13.1 尝试对双人角斗士棋设计一个自己的估价函数，并解释你设计的依据。

二、贪心法

有了估价函数，可以快速评价任意局面的好坏，接下来，自然要选择评分最高的状态继续转移，这就是"贪心"的思想。具体来说，"贪心"在算法中一般是指在原问题的每个子问题中都取局部最优解，以期获得全局最优解的做法。对许多复杂的问题来说，这无疑是一种简单易行的策略。在角斗士棋中，有了估价函数，实施贪心策略已不是什么难事儿。

```python
def greedy_strategy(board, player_id):

    # Move类用来记录一次落子的具体信息，如位置、棋子种类等
    max_score = -float('inf')
    best_move = Move()

    for move in get_valid_moves(board, player_id):
        # 尝试每一种可能的走法，并计算估值
        new_board = drop(board, move)
        score = evaluate(new_board, player_id)

        # 如果找到更优下法，则更新当下最优的move和score
        if score > max_score:
            max_score = score
            best_move = move

    return max_score, best_move
```

由于策略简单，其代码实现也十分清晰易懂。初始时将当前最优分数设置为Python意义上的负无穷大，接下来遍历每种可能的走法，计算相应的估值。如果新走法的估值比当前最优估值还要大，就说明找到了更好的方法，需要更新已经保存的最优分数和相应的行动。

 概念解析

局部最优与全局最优

当我们面临一个规模较大的问题时，往往会想到将大问题拆分成许多小问题并各个击破，再将小问题的答案组合起来以解决大问题的方法。局部最优指的是小问题的最优解，而全局最优指的是大问题的最优解。看似每个小问题都取得最优解时，由这些最优解综合得到的答案一定是全局最优，实则不然。原因在于，各个小问题并不总是互相独立的，从而它们的解在组合时可能会互相影响、互相冲突。

虽然贪心算法并不一定总能得到最优解，但在多数情况下，贪心算法得到的解和最优解是相当接近的。另外，贪心法操作简单，花费的时间通常更低，因此在对解的质量要求不是特别严苛的情况下，贪心法不失为一个好的选择。

然而，贪心不是万能的。可以想见，这种只考虑下一步的做法存在着致命缺陷——短视。有任何博弈类游戏经验的读者都应该很清楚，博弈中只考虑自己的行动而不考虑对方的应对是一种极其愚蠢的行为，按这种策略给出的行动很难真正取得博弈的胜利。那么，问题出在哪里呢？

或许你会归咎于估价函数。假设有一个完全精确的估价函数，将必胜局面映射到1，将必败局面映射到-1，必平局面映射到0，除此之外再没有其他值。在这个估价函数的指导下，我们始终会沿着必胜局面行动，直至终局。但是，这样完全精确的估价函数只能在遍历所有可能情况后给出，而前文已经指出，如此遍历的时间代价是不可承受的。事实上，既然估价函数的目的是用人类智慧来简化机器计算，那么不应再苛求机器负担所有的计算任务。因此，虽然好的估价函数的确能提高贪心策略的水平，但解决问题的关键还是在考虑对方行动上。

三、极大极小搜索

（一）基本实现

为了解决贪心法的缺陷，需要把对方的行为也考虑进来，应运而生的是被称作极大极小搜索（Minimax algorithm）的算法（实际上称作Maximin算法更为精确，但是这里仍旧按照惯例称之为Minimax算法）。对于每一个合法行动m，穷举对方在此行动已经做出的前提下的所有合法走法，得到一个双方各走一步之后的局面。对此局面用估价函数进行估值，再根据估值的结果去选择合适的行动。

问题在于，"根据估值的结果选择"究竟意味着什么。可以发现，对于一个固定的走法m，对方的走法不同，会导致不同的局面以及不同的估值，而我们最后所能选择的只有第一步自己的走法。对于这一问题，其中一个合理的方案就是采用极大极小准则，即对于我们的每一合法走法m，考虑对方的每一合法走法m'，记这两步之后的局面为$u(m, m')$。最终选择的走法m^*就是：

$$m^* = \arg \max_m \min_{m'} L(u(m, m'))$$

这里，$x^* = \arg\min\limits_{x} f(x)$ 的含义是，x^* 等于 f 取到最大值时自变量 x 的值。同理，$x^* = \arg\min\limits_{x} f(x)$ 表示 x^* 等于 f 取到最小值时自变量 x 的值。

直观上来说，我们认为对方必然会选择使得局面对于我们而言尽可能劣的走法，这对应公式中的 $\min\limits_{m'}$ 部分。而我们所选择的则是令所有这样的最劣局面尽可能优的走法，即 $\arg\max\limits_{m}$ 的部分。

目前只考虑了一步我方的走法和一步对方的走法，接下来可以再把之后的两步也考虑进来，对四步之后的局面进行估值。这里有一些需要注意的细节，设在 m' 之后的一步我方的走法为 n，同样是对于固定的 m 和 m'，由于这一步的差异又会有不同的结果。那么该如何确定对方 m' 这一步会如何走呢？在之前的情况中，假设了对方会采取使局面对我方而言尽可能劣的走法，在这里也需要作出类似的假设，即对方也会按照极大极小准则来行动。具体而言，对方会对于每一个走法 m'，考虑我方之后的走法所能达到的最优值，从中选出一个最小的。最后，在考虑三层的情况下，我方的走法会由如下公式决定：

$$m^* = \arg\max\limits_{m} \min\limits_{m'} \max\limits_{n} L(u(m, m', n))$$

以此类推，可以继续往下搜索，只需要在每一层将 max 变为 min，min 变为 max 即可。

这种思考方式有自我嵌套的意味，已经含有递归的特征，自然可想到用递归函数来实现这一算法。另外，每一层需要搜索的节点个数在一般情况下和当前的层数是成指数相关的，这意味着搜索不可能进行太深。因此，可提前设置一个最大深度。当达到最大深度的时候，直接使用估价函数 L 对局面进行估值，而不再继续向下进行搜索。具体代码如下：

```python
def minimax(board, depth, player_id):

    # 达到最大深度，或已经是终局局面，直接估值
    if depth == 0 or is_terminated(board):
        return evaluate(board, player_id)

    # 双方的id分别是0和1
    opponent_id = 1 - player_id

    if is_maximizing_player(player_id):
        # 当前player是我方
        score = -float('inf')
        for move in get_valid_moves(board, player_id):
            new_board = drop(board, move)
            # 下一层搜索
            score = max(score, minimax(new_board, depth - 1, opponent_id))
        return score
    else:
        # 当前player是对方
```

```
        score = float('inf')
        for move in get_valid_moves(board, player_id):
            new_board = drop(board, move)
            score = min(score, minimax(new_board, depth - 1, opponent_id))
        return score


# 外部初始调用，max_depth即是最大搜索深度
minimax(current_board, max_depth, player_id)
```

 概念解析

递　归

递归通常可以理解为自我指涉、自我定义，利用自己来定义自己。如正整数阶乘可以定义为 $f_{(n)} = n \times f(n - 1)$，在定义式中出现了阶乘函数本身。但为了不使这个自我指涉无限进行下去，必须指明递归的终止条件，例如 $f_{(1)} = 1$。编程中的递归函数与此类似，也是指在函数体中使用该函数自身的行为。

通常把我方称为极大玩家（Maximizing player），因为我方的目的是使局面尽可能更优。相应的，我们称对方为极小玩家（Minimizing player）。你或许已经注意到，最大化和最小化部分的代码是十分类似的。因此，可以将它合并简化为负值最大算法（Negamax algorithm）：

```
def negamax(board, depth, player_id):

    # 达到最大深度，或已经是终局局面，直接估值
    if depth == 0 or is_terminated(board):
        return evaluate(board, player_id)

    # 双方的id分别是0和1
    opponent_id = 1 - player_id

    score = -float('inf')
    for move in get_valid_moves(board, player_id):
        new_board = drop(board, move)
        score = max(score, -negamax(new_board, depth - 1, opponent_id))
    return score
```

本质上来说，极大极小算法和负值最大算法并无区别，只不过负值最大算法利用了 $\max(a, b) = -\min(-a, -b)$ 这一数学恒等式而已。此式也是理解上面代码实现的关键。

最后来看一个例子，理解极大极小算法具体是如何运作的。同时这一个例子也会在之后 Alpha-Beta 剪枝的时候被重新讨论。

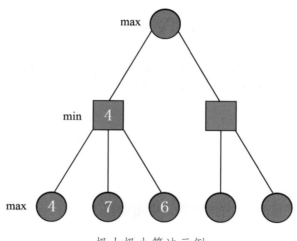

极大极小算法示例

上图所示是一棵博弈树，其中圆形的结点表示轮到我方落子的情况，方形的则表示轮到对方落子。结点上的数字代表该点最后的分值，其中圆形结点是我方结点，对所有子节点的分值取最大值；而方形结点则对子结点分值取最小值。我们记第 i 层的第 j 个结点为 u_{ij}，标号从 0 开始，最上层的圆形节点为 $u_{0,0}$。当前图中已经完成了对 $u_{1,0}$ 子树的探索。当开始调用极大极小算法的时候，我们处在 $u_{0,0}$ 结点，接着开始深度优先地递归探索它的左子树。完成对某个结点的所有子结点的搜索时，就可以确定该结点的评分了。例如图中，已经确定了左下 3 个结点的评分分别是 4、7、6，其父结点是极小结点，应用刚刚的极大极小原则可以得出父结点的评分是 3 个数中的最小值 4。

（二）Alpha-Beta 剪枝

如前文所述，在极大极小算法中，每一层需要搜索的节点个数和层数是成指数相关的，所以通常能够搜索的最大深度并不会很大，这在很大程度上限制了算法的效果。为了改善算法的效率，可引入 Alpha-Beta 剪枝策略，它在某些情况下可以极大地减少一层中需要搜索的节点个数，同时完全不影响算法的准确性。人们通常把采用了 Alpha-Beta 剪枝策略的极大极小算法简称为 Alpha-Beta 搜索。实际上，它的核心思想十分简单：如果某个走法一定劣于已知的走法，那就不需要继续搜索它，而是可以把该走法代表的结点连同其子树直接剪去。

依然考虑之前的例子，符号与前文相同。假设我们已经完成了 $u_{2,3}$ 及其子树的探索，并给出它的值是 3。由于方形节点最终会取最小值，所以我们已经知道 $u_{1,1}$ 的值至多不会超过 3。同时，已知 $u_{1,0}$ 的值是 4，而最顶层的 $u_{0,0}$ 将在 $u_{1,0}$ 与 $u_{1,1}$ 间取较大值，也就是说，$u_{0,0}$ 的值至

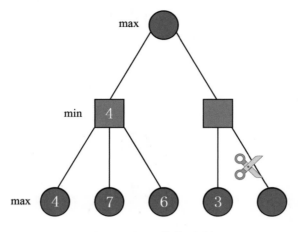

Alpha-Beta 剪枝示例

少不会小于4，因此，$u_{1,1}$的取值不会对$u_{0,0}$造成任何影响。在此情况下，直接放弃$u_{1,1}$及其子结点是非常合理的选择：对于剩下的$u_{2,4}$子树，我们完全不必再费时去搜索它了。

现在再来把这个例子进行一定的抽象，从而得出Alpha-Beta剪枝的具体算法。对于每一个圆形节点（极大玩家节点），保存当前已知子树的最大值，记为α；同理，对于每一个方形节点，保存当前已知子树的最小值，记作β。当出现$\alpha \geqslant \beta$的时候，由以上的论证可知，可以完全放弃当前节点，不再对剩下的子树进行搜索。此处我们先看看其代码，之后再讨论Alpha-Beta剪枝的运作方式。

```python
def alphabeta(board, depth, alpha, beta, player_id):

    # 达到最大深度，或已经是终局局面，直接估值
    if depth == 0 or is_terminated(board):
        return evaluate(board, player_id)

    # 双方的id分别是0和1
    opponent_id = 1 - player_id

    # 极大玩家部分
    if is_maximizing_player(player_id):
        score = -float('inf')
        for move in get_valid_moves(board, player_id):
            new_board = drop(board, move)
            score = max(score, alphabeta(new_board, depth - 1, alpha, beta,
opponent_id))

            # 有得分更高的子树，更新alpha
            if alpha < score:
                alpha = score
            # 出现alpha>=beta，直接剪枝
            if alpha >= beta:
```

```
                break
        return score

    # 极小玩家部分
    else:
        score = float('inf')
        for move in get_valid_moves(board, player_id):
            new_board = drop(board, move)
            score = min(score, alphabeta(new_board, depth - 1, alpha, beta,
opponent_id))

                # 有得分更低的子树，更新beta
                if beta > score:
                    beta = score
                if alpha >= beta:
                    break

        return score

# 外部初始调用，将alpha设置为-inf，beta设置为inf
alphabeta(current_board, max_depth, -float('inf'), float('inf'), player_id)
```

结合代码，考虑极大玩家的节点。这类节点的 α 是从它的双亲节点传过来的，在整个过程中都不会被修改。在这个节点中，我们每探索完它的一棵子树，都会去尝试更新对应的 β。如果某个时刻，β 变得比 α 小了，当前节点就永远不会被其父节点所选择。因此，可以直接放弃剩下的搜索。

思考与实践

13.2 与极大极小算法一样，Alpha-Beta 剪枝也有其对应的负值最大形式，试一试，请把上面的代码转化为负值最大形式。

（三）迭代加深

或许你可能已经注意到，如果首先探索的是比较优的子树，剪枝会更早地被触发，从而避免对其他子树进行无用的搜索。所以，我们可以先对每一个走法进行估价，按照估价的结果由大到小进行排序，并按此顺序进行探索。

当然，在这里简单地把贪心换成一个层数较低的Alpha-Beta搜索也是可以的，但是通常并不十分有效，更好的做法是使用迭代加深技术。作为前提，假设我们已经有了一个被称作"置换表"的数据结构，它能够保存已知局面的估值，建立起从局面到估值的映射。置换表支持两种操作：一是新增某局面及其估值或更新已有局面的估值，二是检索某个已估价过的局面的估值。这两种操作的时间复杂度都被控制在可以接受的范围内。

延 伸 阅 读

置 换 表

置换表（Transposition Table，TT）事实上是一种十分简单的数据结构，通常是用哈希表来实现的。在搜索算法中，置换表通过哈希可以建立起局面和其相对应的某些信息的映射，并且能够利用哈希函数快速检索这些信息。

二人角斗士棋的棋盘总共有$14^2=196$格，再加上其规则的特殊性，我们只需要记录双方分别覆盖的位置。这样，只需要$196\times2=392$个比特就可以完整地记录局面上所有的信息。对于这样的数据规模，哪怕是应用最朴素的哈希算法，也不会产生很大的时间与空间开销。而在更加一般的情况下，我们其实并不要求置换表的内容是完全精确的，所以即使采用有损的哈希也不会有太大的影响。

迭代加深所需要的仅仅是一个循环：枚举本次Alpha-Beta的最大深度，然后进行Alpha-Beta搜索。但如果只是单纯地这样做的话，和直接按照原本的最大深度搜索没有什么区别。真正起效果的做法是，利用浅层搜索的结果来决定深层搜索的顺序。根据之前的讨论，这种做法在多数情况下可以大大提升Alpha-Beta剪枝的效率；甚至在很多时候，使用迭代加深进行搜索，要比直接使用最大深度进行搜索要快得多。

具体的实现重点在于两步。第一，完成了一次对当前节点的搜索之后，更新置换表中相应的信息；第二，在开始搜索前，先按照置换表中的值来对合法走法进行排序。置换表在不同最大深度的搜索中是共用的，从而使得深层的搜索可以用到浅层搜索的结果。例如，在进行层数为4的搜索的时候，可以使用之前的三层搜索的结果进行排序，以此决定第一步搜索的顺序。通常情况下，这样得到的顺序要比一般的顺序更加合理。

思考与实践

13.3 合理的搜索顺序为什么能大大提高搜索效率？请结合 Alpha-Beta 剪枝的

原理进行思考。

13.4 阅读 p138 的延伸阅读，想一想，为什么置换表的内容无须完全精确？

四、蒙特卡罗树搜索

在类似于极大极小搜索的算法中，我们所做的事情实际上可以概括为：深度优先地探索整棵由可能情况组成的树至某一预先设定的深度，再对搜索到的局面进行估值，最后按照极大极小准则选择下一步的走法。这是一个十分优秀而通用的方案，但是仍有很多不足的地方。首先，它从根本上不可避免地需要一个人为设定的估价函数；其次，哪怕是在使用Alpha-Beta剪枝之后，搜索整棵树的开销仍然可能是难以接受的，从而限制了整体可以搜索的深度。这两点实际上在一定程度上有所关联：之所以需要一个人为设定的估价函数，其根本原因是无法直接穷举搜索直至游戏结束的局面。既然如此，为什么不有选择地探索其中一部分子树以降低搜索开销呢？蒙特卡罗树搜索算法（Monte Carlo Tree Search，MCTS）就采用了这种思路。

由于蒙特卡罗树搜索所牵涉的数据结构较为复杂，为了不进一步增加理解难度，我们只对算法的思路进行了解。

（一）搜索树扩展

对于蒙特卡罗树搜索，这里主要了解选择下一步探索子树的方法，即搜索树的扩展，最终决策的方式留至以后探索。在学习本节的过程中，你应当始终在脑海中保留着一个没有被完全扩展开的搜索树的图像。

蒙特卡罗树搜索的搜索树扩展，简单而言由4个部分组成：

- 选择：从已经扩展出的节点中选择一个节点。
- 扩展：选择该节点的一个子节点加入到已有的搜索树中。
- 模拟：对于该子节点进行一次模拟。
- 反向传播：根据模拟的结果更新搜索树上各个节点的值。

1. 模拟

与搜索的实际顺序有所不同，先来了解模拟的概念，因为它在这4个部分中最为直观。如前所述，搜索树中的每一个结点实际上代表一个局面，我们当然可以从这个局面开始将游戏继续下去。像这样，从某一个结点继续对局直到游戏结束的过程叫做模拟。在最为朴素的蒙特卡罗树搜索版本中，模拟的方式十分简单：让双方都随机落子，直到整场游戏结束。无论是根据日常经验还是根据概率论中的大数定律，都可以直观地感受到：从某个局面出发，随着模拟次数的增加，按照这些模拟结果统计出的胜率会不断趋近于这个节点的真实胜率。只要进行足够多次的模拟，就可以得到该局面较为准确的胜率。

大 数 定 律

　　大数定律是概率论中的重要定律，它指出，对于一系列独立的、拥有相同数学期望的随机变量，当其数目足够多时，它们的均值会收敛到其相同的期望值。这个定律是实际生活中各种测量行为的理论基础。我们通常可以认为测量值是一个以真实值为期望的随机变量，且每次测量对应的随机变量是独立的，这样，大数定律保证了随着测量次数的增多，测量值的平均值会趋近于真实值。蒙特卡罗树搜索的模拟过程可以认为是对胜率的"测量"，因此也遵循大数定律。

2. 扩展

　　和模拟一样，节点的扩展是一个十分直观的概念。最初，搜索树中只有根节点这一个节点，我们必须选择一种合法的走法——也就是根节点的一个子节点，把它加入到搜索树中。对于一般的情况也是如此。在"选择"步骤中，我们已经按某种方法选择了搜索树中已有的一个节点。扩展过程是将它的一个还不在搜索树中的子节点加入搜索树。

3. 选择

　　选择是蒙特卡罗树搜索中最重要的一步，这个步骤使得蒙特卡罗树搜索和通常的极大极小算法有了根本性的区别。极大极小算法仅仅是单纯地按照深度优先的顺序选择节点，而蒙特卡罗树搜索则采用了不同的策略。当然，最后选择的节点必须是可以扩展的。

　　首先，要大致了解我们希望的搜索树在生长过程中的形状变化趋势。在极大极小以及Alpha-Beta搜索中，通常搜索树到最后会显得十分完整。虽然Alpha-Beta搜索可以剪掉很多不必要的分支，但是至少需要探索完一个子树，才有可能做出剪枝动作。此外，它的最大深度是固定的。然而，直觉上我们更加希望搜索树不是非常平衡、非常完整的。例如，对于几个可能比较好的走法，我们希望它们对应的子树可以更深一些，以便了解它下面的具体策略。反之，对于看上去不那么好的情况，则希望它稍微浅一点，但是也不能完全不去管它，因为暂时的劣势也有可能在之后带来更大的收益。

为了达成这样的目标，通常采用置信上界（Upper Confidence Bound，UCB）来选择之后需要扩展的结点。具体来说，我们选择最大化如下表达式的结点。

$$\frac{w_i}{n_i} + c\sqrt{\frac{\log N_i}{n_i}}$$

其中 w_i 和 n_i 分别是在模拟过程中从该结点出发的获胜次数以及总次数，因此第一项即表示从该节点出发的胜率。N_i 代表从它的双亲结点出发的总的模拟次数。第二项的含义是，我们会在一定程度上优先探索那些被探索次数较少的结点。c 是一个调整这两项权重的参数，根据经验，$c = \sqrt{2}$ 是一个不错的选择。

4. 反向传播

反向传播是指在回溯过程中更新对应的 w_i、n_i 和 N_i。需要注意，如果结点 u 是新扩展出的、刚刚开始进行模拟的节点，我们不仅需要更新 u 本身的信息，还需要更新从它到根结点的路径上所有结点的对应信息。

（二）决策

在理解了搜索树全部的扩展过程后，确定当前这一步的走法也就变成一件自然的事情了。一般情况下，我们会选择被探索次数最多的结点，因为按照蒙特卡罗树搜索的逻辑，探索某个结点的次数，总是和它的好坏程度直接相关。通常，越好的结点被探索的次数越多。

思考与实践

13.5 蒙特卡罗树搜索算法运行时的搜索树会以什么样的形态生长？为什么会有这样的效果？

13.6 请尝试一下自行实现蒙特卡罗树搜索的基本结构和扩展过程。

本部分小结

在本部分中，我们学习了搜索算法的基本思路和表示棋类博弈游戏的基本模型——博弈树，详细了解贪心法、极大极小搜索及其优化方式，并认识了更加复杂的蒙特卡罗树搜索的过程。

第**5**部分
红绿灯调度

交通运输是城市的血管，与人们的生活息息相关，高效合理的红绿灯调度对于城市健康发展至关重要。

早在 1946 年 11 月，杭州的解放路中山路口已经设置了红绿灯，那时候由路口执勤交警根据车流量变化手动调配红绿灯时长。到 2000 年，杭州引进了 SCATS 信号控制系统，但仍然需要人工在屏幕前监控路面状况，效率低，工作量大。2018 年，杭州开展人工智能参与红绿灯调度的探索，被智能程序接管的红绿灯逐步覆盖整个杭州的高架道路，极大地改善了杭州高架交通状态：提升了 20% 的车辆行驶速度，增加了 15% 的通行流量，同时减少了燃料消耗，省去了烦琐复杂的人工调控。以上塘一中河高架路段为例，下图展示了智能调控为交通和环境带来的切实而显著的变化。

在本部分中，我们也将参与智慧交通的建设，这与我们熟悉的图片分类、文本生成等任务不同，它不仅需要分析数据，还要进行连续决策，因此我们使用强化学习的方法来实现红绿灯调度。

我们将首先基于名为 CityFlow 的交通模拟器实现一个智能红绿灯，然后从强化学习的基础概念——马尔可夫决策过程出发，由浅入深地学会使用 Q-learning 和 Deep Q-Network（DQN）算法求解强化学习问题，最终动手编程实现基于 DQN 算法的红绿灯调度，并把它的表现与传统方法进行对比，从而体会到人工智能为生活带来的改变。

天壤智能杭州红绿灯 – 调控效果展示
以上塘-中河高架为例

早晚通勤时长

早高峰 – 北向南（上塘-中河高架）

从25分钟缩减到19分钟
减少24%

晚高峰 – 南向北（中河-上塘高架）

从26.5分钟缩减到22.5分钟
减少15%

⚙️ 全天调控效果

■ 调整前　■ 调整后

早高峰　　平峰　　晚高峰

算法智能优化路况

平均车速

1.上学高峰，接送车流增多。
2.匝道智能放入车辆，达到最佳车流密度。

算法优化路况，提早结束早高峰

算法优化路况，提早结束晚高峰

0:00　3:00　6:00　9:00　12:00　15:00　18:00　21:00

时间

减少排放CO₂共14.5吨

CO₂

CO_2 14.5吨

=

🌲🌲🌲🌲🌲🌲🌲
🌲🌲🌲🌲🌲🌲🌲
🌲🌲🌲🌲🌲🌲🌲

3000棵树

智能红绿灯在部分高架路段的优化成果展示

第十四章 红绿灯调度基础知识

在本章中我们将认识红绿灯调度问题所处的虚拟交通环境，并了解强化学习的背景知识。

一、规则简介

首先我们来了解智能红绿灯所处的环境以及可以作出的决策。

红绿灯所处的环境是由名为CityFlow的交通模拟器提供的虚拟交通环境。City Flow可以根据当前各个红绿灯的状态，推算出所有车辆在下一个时刻的位置，使得这些车辆的行为与真人司机的驾驶相似。模拟器中的每辆车次都有属于自己的出发时间，它们从各自的起始道路驶入，沿着固定的路线前往终点，并最终从路网边缘驶出。

在 City Flow中，红绿灯可以呈现9种状态，代表了红绿灯能指示的9种通行方式。下图给出其中两个红绿灯状态作为示例（车辆随时可以右转，故不特别在图中标出），左图表示"来自东西方向的车辆可直行"，右图表示"来自东西方向的车辆可左转"。另外，我们还可以选择其他各种各样的路网环境，可以是默认预设的网格状路网，也可以是模拟的真实城市街道。本项目中我们使用2×2的"井"字形交通环境，有4个可调控的红绿灯。

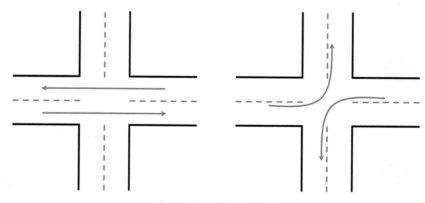

路口红绿灯状态示例

此外，CityFlow能记录这道路上所有车辆的平均运行时间，它反映了车辆通行的效率，将被用作衡量红绿灯调度策略好坏的指标。

二、初识强化学习

强化学习（Reinforcement Learning）考虑的是智能体与环境之间的交互问题。智能体是拥有行动能力的事物，常见的智能体有机器人、游戏AI、无人车等。以下图的无人车为例，在它前往目的地的过程中，车所在的车道、周围的其他车辆、路边的行人以及路口的红绿灯等组成了环境，无人车通过摄像头、传感器等设备来感知环境，然后通过决策如何操控方向、油门和刹车来实现安全行车这个任务。

无人车的自动行驶

强化学习是围绕智能体（Agent）在环境中的活动展开的。智能体是学习的主体，它在与环境的交互中学习，下图展示了智能体与环境的交互框架。智能体可以感知自己在环境中的

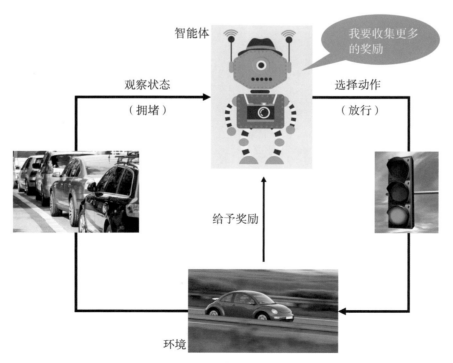

智能体与环境的交互框架

状态（State），经过分析判断，对环境做出一个动作（Action）。由于该动作的影响，环境会变化到下一个状态。接着智能体又感知到环境的变化，如此循环往复、相互作用……每当智能体做出动作，使得环境状态发生变化时，它都会收到环境给予的奖励（Reward），这奖励反映了环境变化的好坏，是对智能体行为的反馈。在上述例子中，如果无人车偏离了车道，那么奖励就是负的，如果高效准确地行驶到目的地，奖励则是正的。

强化学习的任务是寻找一个能最大化长期奖励总和的行为方式。智能体根据奖励的指引，不断互动尝试，并评判各种情形下不同行为的好坏，总结优秀的动作，摒弃招致惩罚的行为，从而学习出一套能最大化长期奖励总和的行为方式。智能红绿灯就是基于这样的思路，从交通数据中学习出高效的交通调度方案。

第十五章 马尔可夫决策过程

本章我们将认识马尔可夫决策过程各要素的基本概念，了解智能红绿灯状态和奖励的设计思路，并从马尔可夫决策过程（Markov Decision Process，MDP）的角度思考红绿灯调度问题。

马尔可夫决策过程是强化学习的基础，也可理解为是智能体所居住的世界。在这个世界里，时间被分割成一个一个时间点，智能体依时间顺序t=1，2，3…同环境交互。在每个时间点t，它会感知到自己处于状态S_t，然后选择并做出一个可行的动作A_t，接着在下一个时间点$t+1$得到奖励R_{t+1}，并到达新的状态S_{t+1}，由此构成智能体与环境交互的序列：S_0，A_0，R_1，S_1，A_1，R_2，S_2，A_2，R_3…

接下来我们先去认识一些马尔可夫决策过程中涉及的重要概念。

一、状态

在马尔可夫决策过程中，智能体的状态具有马尔可夫性，这是指智能体未来可能到达的状态S_{t+1}只取决于当前状态S_t，与过去的历史不相关。智能体的世界是基于"未来只取决于当前"的假设来运作的。

智能体的状态如同棒球手击出的棒球，基于每个时间点上棒球的位置和速度，用简单的物理知识可以推算出它即将到达的下一个状态乃至整个的飞行轨迹，棒球飞行的这种状态就是马尔可夫的。

以智能红绿灯这个智能体为例，它的状态是路口的交通状况。如下图所示，一个十字路

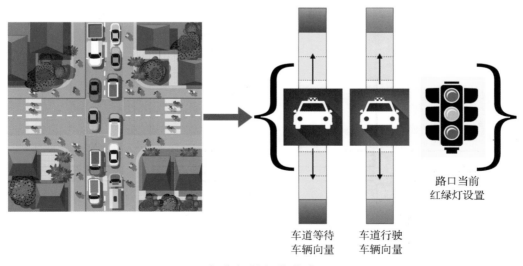

车道等待　　　车道行驶　　　　路口当前
车辆向量　　　车辆向量　　　红绿灯设置

智能红绿灯的状态

口拥有上下左右4条驶入的道路，我们取"等待的车辆数"以及"正在运行的车辆数"作为每条道路的特征，并将所有道路的特征按类别堆叠成两个向量来表达整个十字路口的状态。另外，这个路口未来的红绿灯调度还与它当前的红绿灯状态相关，因此，智能红绿灯的状态是由汇入车道的特征和当前红绿灯状态共同组成的。

二、状态转移

智能体做出的动作会影响它将到达的下一个状态，我们用状态转移来描述智能体的动作是如何影响环境的状态转移的。状态转移可以用概率来表示：

$$p(s' \mid s, a) = Prob(S_{t+1} = s' \mid S_t = s, A_t = a)$$

这是一个条件概率，它的意思很简单，是说智能体在状态s做出动作a后转移到状态s'的概率。

以红绿灯调度任务为例，假设路口当前状态如下图所示，4条道路都是红灯状态。

路口初始状态

若智能体接下来选择维持红灯，如下图，根据状态转移概率，新状态中拥堵的车辆将会增加。

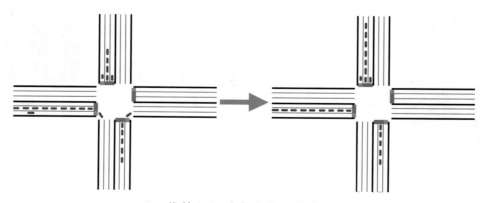

维持红灯对应的状态转移

若智能体接下来选择左右绿灯放行，如下图，环境将转移到左右车辆通行的状态。

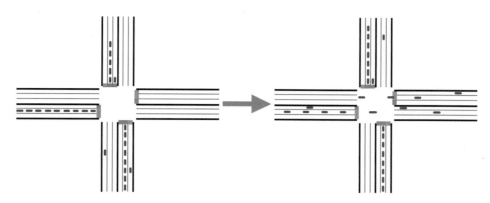

绿灯放行对应的状态转移

三、策略

策略（Policy）指的是智能体遵循的行为规范，智能体依照策略来选择动作。我们将策略记作π，其中$\pi(a|s)$表示智能体在状态s处选择动作a的概率分布。例如在状态s下，有两个可选动作，智能体选择1号动作a_1的概率为$\pi(a_1|s)=0.3$，选择2号动作a_2的概率为$\pi(a_2|s)=0.7$，这两个动作的概率一起构成了当前状态s下，智能体动作的概率分布$\pi(a|s)$，所有状态策略$\pi(a|s)$的全体构成了马尔可夫决策过程的整体策略π。

强化学习的学习目标是希望找到一个最优策略π_*。该策略就像一张藏宝图，跟随它行动可以带来最大的长期奖励总和。同样的，智能红绿灯旨在学得一个红绿灯调控的最优策略，以达到加快城市道路行车速度，提高通行效率的目标。

四、回报

给定一种策略，智能体该如何评判其优劣呢？如右图所示，智能体通过强化学习，希望寻找到最大化奖励总和的行为方式。智能体必须有足够的远见和计划，将未来的潜在奖励纳入考虑范围。

我们引入回报（Return）G_t来表示智能体从时刻t开始，未来累计收获的奖励之和，这是智能体所希望的最大化的目标。

把未来的潜在奖励纳入考虑

$$G_t = R_{t+1} + \gamma R_{t+2} + \gamma^2 R_{t+1} + \cdots = \sum_{k=0}^{\infty} \gamma^k R_{t+k+1}$$

其中，R_{t+1}，R_{t+2}，$R_{t+3}\cdots$是智能体从时间t开始，在交互中收获的一系列奖励。而$\gamma \in [0, 1]$被称作折扣因子（Discount Factor）。我们知道，智能体当前的行为对即将发生的事情有强相关性，但随着时间的推移，这个行为对未来发展轨迹的贡献逐渐减弱，因而与未来奖励的关联也是逐级递减的，所以需要折扣因子来表达衰减。

智能体在每个状态上根据给定策略做出动作，而有了当前的动作，下一个状态以及奖励也就确定了。这就意味着在给定策略的情况下，每个状态的好坏可以由它出发后得到的回报来描述。

红绿灯调度的目标是让车辆从起始到结束的平均行驶时间最短。我们将智能红绿灯的奖励设计为，让每辆驶过路口的车辆带来+1的奖励，而每辆在路口等待的车辆导致－0.25的惩罚。这样智能体为了得到最大化的回报，便会在努力放行车流的同时，尽量减少在路口等待的车辆，从而达到高效通行的目的。

五、价值函数

回报是一个随机变量，因为马尔可夫决策过程中的状态转移和策略都是以概率分布的形式定义的，即使遵循一个固定的策略，从一个确定的状态或是一对状态和动作出发，智能体还是可能途经很多不同的状态，得到各异的回报。

这里，我们引入状态值函数（State-Value Function）和动作值函数（Action-Value Function）的概念，通常把它们统称为价值函数。状态值函数$V(s)$是指从状态s出发得到回报的期望，而动作值函数$Q(s, a)$是指在状态s做出动作a之后智能体得到回报的期望，也可以直观地把它们理解为多次出发后获得回报的平均值。

 概念解析

随机变量与期望

随机变量是从样本空间Ω到实数R的函数，它表示了随机现象的各种结果。例如某一时间内公共汽车站等车乘客人数，电话交换台在一定时间内收到的呼叫次数，灯泡的寿命等。一个离散型随机变量的期望是试验中每次可能的结果乘以其发生概率的总和。如果我们把试验的一种结果发生的概率近似看作该试验结果发生的次数与总试验次数之比，那么期望值就近似地等于随机试验重复多次后，所有试验结果的平均值。

价值函数是相对于策略而言的，只有在指明策略的情况下，谈论价值函数才是有意义的。因为智能体从某状态出发后获得的回报，由它途经的一系列状态所决定，而正是智能体选择动作的策略决定了它将到达的状态，所以说智能体的策略决定了期望回报的大小。

状态值函数与动作值函数的数学表达式如下：

$$V_\pi(s) = \mathbb{E}_\pi\left[G_t \mid S_t = s\right]$$
$$Q_\pi(s, a) = \mathbb{E}_\pi\left[G_t \mid S_t = s, A_t = a\right]$$

这里为了强调价值函数对应的策略 π，我们把它记作价值函数的下标，为了表明对遵循策略 π 产生的回报取期望，我们也把 π 记作期望的下标。

当智能体遵循某一策略时，可以通过这个策略对应的价值函数来反映在智能体眼中一个状态、或一对状态和动作的好坏。比如，一位台球好手在比赛中思量：目前是一杆清台的好机会。那么，这时的台球局势 s 对应着的是高状态值函数 $V(s)$。再比如，战场上两军陷入僵持状态 s，那此时派遣骑兵包抄的动作 a 很可能带来胜利，则这一对 (s, a) 对应着的是高动作值函数 $Q(s, a)$。

思考与实践

15.1 智能体所得回报是智能体未来获得的奖励乘以折扣因子，你认为折扣因子的取值大小对智能体决策会产生怎样的影响？

第十六章　Q-learning

本章中我们将了解求解最优策略的思路和方法、无模型强化学习的概念、平衡探索与利用的原因和方式，学习Q-learning算法，并理解Q-learning算法中通过求解最优动作值函数取得最优策略的思路。

一、贝尔曼方程

从回报G_t的公式可以看出，智能体直到完成与环境交互的整个过程后，才能拥有全部的奖励来为途经的状态计算回报，这为智能体的学习带来了诸多限制。我们想到在给定策略下，下一个状态只取决于当前状态，那么当前状态的价值应当可以由下一个状态的价值来反映。根据这一思想，将回报的定义代入状态值函数的式子：

$$
\begin{aligned}
V_{\pi(s)} &= \mathbb{E}_{\pi}\left[\, G_t \mid S_t = s\,\right] \\
&= \mathbb{E}_{\pi}\left[\, R_{t+1} + \gamma R_{t+2} + \gamma^2 R_{t+1} + \cdots \mid S_t = s\,\right] \\
&= \mathbb{E}_{\pi}\left[\, R_{t+1} + \gamma\left(R_{t+2} + \gamma R_{t+1} + \cdots\right) \mid S_t = s\,\right] \\
&= \mathbb{E}_{\pi}\left[\, R_{t+1} + \gamma G_{t+1} \mid S_t = s\,\right] \\
&= \mathbb{E}_{\pi}\left[\, R_{t+1} + \gamma V(S_{t+1}) \mid S_t = s\,\right]
\end{aligned}
$$

从公式$V_{\pi}(s) = \mathbb{E}_{\pi}\left[R_{t+1} + \gamma V_{\pi}(S_{t+1}) \mid S_t = s\right]$中可以看到，遵循策略$\pi$的智能体以通过当前的奖励和下一个状态的价值的期望来评估当前状态的价值，这个相邻状态的状态值函数满足的关系叫作贝尔曼方程（Bellman Equation）。类似的，对动作值函数也有如下所示的贝尔曼方程：

$$
Q_{\pi}(s,\, a) = \mathbb{E}_{\pi}\left[\, R_{t+1} + \gamma Q_{\pi}(S_{t+1},\, A_{t+1}) \mid S_t = s,\, A_t = a\,\right]
$$

其中，下一个时刻的状态S_{t+1}和动作A_{t+1}是由环境的状态转移和智能体的策略一起决定的。

二、最优策略与最优价值函数

强化学习的目标是寻找最大化回报的策略，人们称之为最优策略。对于有限的马尔可夫决策过程，总存在至少一个最优策略。所有的最优策略都对应着同一个最优价值函数，因此我们可以将最优策略不加区分地记作π_*，将最优价值函数写作V_*和Q_*。由于智能体在任何初始条件下都能依靠最优策略获得最大的回报，所以任意状态的最优状态值函数是所有可能策略的状态值函数中最高的。

$$V_*(s) = \max_\pi V_\pi(s)$$

类似地对任意一对状态和动作(s, a)，都有：

$$Q_*(s, a) = \max_\pi Q_\pi(s, a)$$

因为V_*是最优策略π_*的状态值函数，它也满足贝尔曼方程，也就是说$V_*(s)$可以由后续状态的价值函数来表达，又因为$V_*(s)$的取值是最优的，我们可以推断出π_*在状态s处选择了拥有最大Q值的动作，以最大化后续的回报。因此，得到下面的式子：

$$V_*(s) = \max_a Q_*(s, a)$$

对动作值函数采用类似的想法，因为$Q_*(s, a)$是最优的，π_*需要采取最大化Q值的动作。

$$Q_*(s, a) = \mathbb{E}\left[R_{t+1} + \gamma\max_{a'} Q_*(S_{t+1}, a') \mid S_t = s, A_t = a\right]$$

上述关于$V_*(s)$和$Q_*(s, a)$的方程是贝尔曼最优性方程（Bellman Optimality Equation），它的重要意义在于：

（1）贝尔曼最优性方程使得最优价值函数的求解不依赖于最优策略。我们在不知道最优策略的情况下，也可以直接求解最优价值函数。

（2）只要拥有了最优价值函数，就可以通过选择对应最大$Q_*(s, a)$的动作来生成最优策略。

贝尔曼最优性方程带来了求解最优策略的一种思路——通过求解最优价值函数，以价值的形式反映各个状态与动作的优劣，智能体便可以做出高价值的动作来最大化它的回报。

三、无模型的强化学习

强化学习的目标是最大化回报，而回报的获得依赖于智能体的策略以及环境根据动作而改变的机制。强化学习可以根据智能体"是否懂得环境变化的机制"被分为基于模型（Model-based）和无模型（Model-free）两大类。其中无模型的强化学习意味着环境模型对于智能体来说是未知的。环境在智能体的眼中成为提供奖励的黑盒子，智能体无法预判它的行动将会导致什么状态，只得依靠与环境的大量交互，在纯粹的试错过程中寻找完成任务的最佳策略。

在本部分中，智能红绿灯属于无模型的强化学习。为什么环境模型对它来说是未知的呢？因为在智能体作出调整红绿灯的决策后，它无法预测调整红绿灯之后驾驶员们会做出什么反应以及车流会如何改变，因此它无法洞察环境运行的机制。Q-learning 和 Deep Q-Network 是解决该类无模型问题的经典算法。

注意，在没有环境模型的情况下，状态值函数 $V_*(s)$ 将不能指导策略的选取，因为即使智能体知道接下来可达的状态拥有很高的价值，由于缺少环境模型作为桥梁，它也不知道应该通过什么样的动作到达目标状态，因此应当直接学习动作值函数 $Q_*(s, a)$。正如下面的式子所表示的，智能体会选择有着最高 Q 值的动作以获得最丰厚的回报。

$$\pi_*(s) = \mathrm{argmax}_a Q_*(s, a)$$

 延伸阅读

基于模型的强化学习

倘若你正在学习驾驶，希望让汽车平稳地运行在道路中央。你知道油门、刹车、方向盘会如何改变汽车行进的轨迹，因此会在脑中模拟不同的操纵汽车方式，并去预测它们带来的各种行车轨迹，最终，你选择了预测中那条最平稳的行车轨迹，并实施了带来该行车轨迹的最优行车方式，这就是基于模型的控制问题。基于模型的强化学习可以通过环境模型来预测做出动作后到达的状态，这为它带来了独到的优势，模型的存在减少了在真实环境中试错的需求，为强化学习在实际问题中的训练与应用提供了基础。

四、探索与利用

在无模型的情况下，智能体对环境的所有认知都来自于交互的实际经验，它只有尝试过各种行为才能客观公正地了解整个环境。智能体需要积极探索（Exploration）未知的状态和动作，因为或许会有蕴藏着丰厚奖励的动作尚未被发现。然而智能体也需要充分利用（Exploitation）已学得的策略，来最优化回报。探索与利用的平衡是强化学习中的重要问题。

应对探索与利用问题的最简单方法是使用 ε-greedy 策略，这种策略由以下两部分构成：

（1）随机选择动作。

（2）选择当前 Q 值最大的动作，这个策略被称之为贪心策略。

采取随机的动作就是探索未知，有利于更新出更大的 Q 值，学得更好的策略；而使用贪心策略则是利用学得的Q值，让智能体获得当前最大的收益。在ε-greedy策略中，ε是选取随机动作的概率，一般设置为一个不大的值，让智能体始终维持较小程度的探索。

五、Q-learning 算法

Q-learning是强化学习中一种简单、经典的算法。它的思路是先让智能体基于最优贝尔曼方程学得最优动作值函数，再由此间接生成最优策略。其中智能体面临无模型的环境，通过与环境的交互收集数据。

在了解算法之前，我们先认识Q值的存储与表示。使用Q值表格是简单直观的想法，以下表为例，每个状态占据一行，列代表动作，每个单元格存放着一对状态和动作对应的Q值。

Q 值表格

	a_1	a_2	a_3
s_1	$Q(s_1, a_1)$	$Q(s_1, a_2)$	$Q(s_1, a_3)$
s_2	$Q(s_2, a_1)$	$Q(s_2, a_2)$	$Q(s_2, a_3)$
s_3	$Q(s_3, a_1)$	$Q(s_3, a_2)$	$Q(s_3, a_3)$

用Q-learning的方式来更新上表的Q值。

首先把Q值表格设置为任意的初值，假设初始化后的Q值表格如下表所示。

初始化后的Q值表格

	a_1	a_2	a_3
s_1	2	0	3
s_2	1	0	−2
s_3	2	−1	0

随后假设智能体从状态s_2出发，用ε-greedy策略选择了动作a_1，到达状态s_3，得到奖励1。智能体根据公式$Q(s, a) \leftarrow (1-\alpha)Q(s, a) + \alpha(r+\gamma\max_a Q(s', a))$来更新$Q$值表格。

上式中各字母的意思如下：

状态转移(s, a, s', r)：智能体与环境的一次交互，在初始状态s做出动作a，环境转移到状态s'，并给予智能体奖励r。

折扣因子γ：在计算回报过程中，考虑未来奖励的权重递减。

学习率α：学习率的取值范围为$\alpha \in (0, 1)$，它表示了一次更新中$Q(s, a)$被更新的比例。α越大表示Q值表格中的值越容易被改变。

这个公式的意思是说，被更新后的$Q(s, a)$是一个加权平均，其中保留$(1-\alpha)$比例的先前$Q(s, a)$，再加上α比例的更新目标，其中智能体的更新目标是当前奖励r加上折损后的从一个状态s'中可选的最大Q值。

将公式应用在这个例子当中即为：

$$Q(s_2, a_1) = (1 - \alpha) \times 1 + \alpha(1 + \gamma \times 2) = 1 + 2\gamma\alpha$$

所以将表格中s_2与a_1对应的Q值更新为$1+2\gamma\alpha$。

反复这样的操作，Q值在试验中被不断地更新，最终逼近最优Q值，智能体也就因此间接地获得最优策略。

思考与实践

16.1 除了本章提到的策略之外，你还能举出其他在利用当前最优动作的同时兼顾探索环境的方式吗？

16.2 请尝试举出基于模型的强化学习在实际场景中的典型应用。

第十七章 Deep Q-Network

在本章中我们将从Q-learning算法实际应用时的局限性出发，了解价值函数估计的概念和作用，进而探索Deep Q-Network算法，理解Deep Q-Network怎样克服Q-learning的不足，并掌握Q值网络的结构与训练流程。

一、维度灾难

在Q-learning算法中，我们用表格存储动作值函数，但是在实际问题中，表格无法应对多如繁星的状态，也缺少举一反三的智能，这被称之为维度灾难。

实际问题中状态的数量常常难以穷尽，在智能红绿灯的状态表示中，假定每条道路最多有50辆等待车辆和运行车辆，那么智能体可能的状态数可以是$9 \times 50^{2 \times 12} \approx 5 \times 10^{41}$，如果全用表格来存储，恐怕计算机有再大的内存也不够。

高维度空间中智能体与环境的交互轨迹难以覆盖所有状态

在浩如烟海的状态面前，智能体没有办法在训练中见识所有的情况，这就要求它能够联想到相似状态下的经验，从而在陌生的状态下做出合理的动作。但是表格中的各个状态都彼此独立、互不相关，智能体没有任何举一反三的能力。在下图所示的CityFlow的路口状态中，即使智能体学习到面对左下图情形应该放行南北方向道路，但面对场景极其相似的右下图情形却并不能有所帮助，因为在右下图的红框中缺失的车辆使得这两个状态的Q值被存储在表格的不同单元格中。

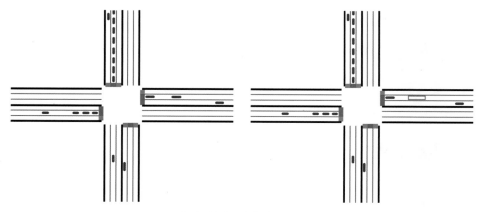

相似的交通状态示例

二、价值函数估计

人们用价值函数估计（Value Function Approximation）的方式来解决维度灾难的问题，也就是用函数取代表格来表达状态和动作到Q值的对应关系，即$Q(s, a) = f(s, a)$，其中f可以是任意形态的函数。之所以叫估计，是因为Q值的分布不受限制，而f的参数和形态受到模型的约束，因而只能做到对Q值的近似拟合。

设想一个简单线性近似的例子。假设智能体的状态用横坐标x表示，状态对应的价值函数是纵坐标y。智能体和环境交互的过程中探索到一部分状态的价值，如下图中散点所示。从

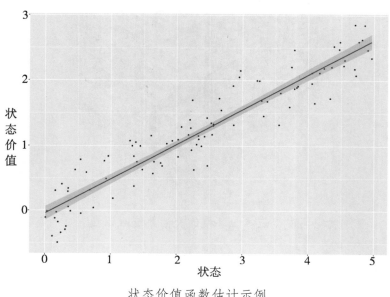

状态价值函数估计示例

中可以发现，与其用表格法将这些散点的坐标全部记录下来，不如使用图中蓝色直线来近似拟合它们。我们只需要存储直线的斜率和截距，就能对没有见过的状态x所对应的y值进行合理推断。由此拓展出去，可以使用神经网络来拟合更加复杂的函数关系，以解决维度灾难的问题。

三、Deep Q-Network 算法

在机器学习中，有一种方法对拟合函数很在行，那就是神经网络。在Q-learning算法上配备使用神经网络实现价值函数估计后，Deep Q-Network算法便应运而生了。

我们知道，网络需要训练才能预测出准确的值，那么神经网络是如何被训练的呢？与监督学习不同，我们不知道可作为训练标签的正确的Q值，回想在Q-learning当中，是依靠当前的奖励和下一个状态的Q值作为目标Q值来更新当前的Q值的，我们可借用这样的思想为Q值网络提供带标签的训练样本。具体地说，对每一次状态转移(s, a, s', r)，把状态s作为网络的输入，Q值网络输出各个动作对应的Q值，对于被采取的动作a，使用Q-learning算法的更新公式，将$r+\gamma\max_{a'}Q(s', a')$作为训练标签，从而损失函数被设置为：$L(w) = E[[r+\gamma\max_{a'}Q(s', a', w)) - Q(s, a, w)]^2]$。

因为Q值网络也会输出不被更新的其他动作，我们将这些动作的训练标签设为当前Q值本身，使得损失为0，不参与训练。

智能体使用ε-greedy策略收集交互数据，在Q值网络上对上述损失函数进行梯度下降，以便能够在高维状态上有效估计最优动作值函数、学习最优策略。至此Deep Q-Network算法就基本成型了。

下图展示了Deepmind使用Deep Q-Network算法训练智能体玩Atari游戏的Q值网络结构。Q值网络可以直接接受像素图像的输入，输出当前状态下各键位的Q值。

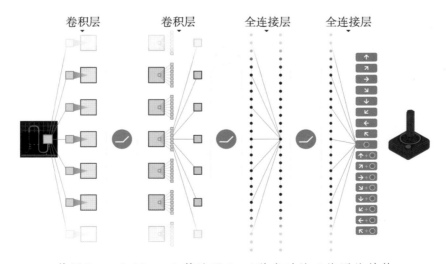

使用Deep Q-Network算法玩Atari游戏时的Q值网络结构

四、优化与改进

此外，Deep Q-Network算法对传统的Q-learning进行了一些改进，其中主要的有经验回放和目标网络。

（一）经验回放

由于Q值网络的训练数据是智能体在环境中采集的，而智能体与环境的交互是一串连续的轨迹，因此训练样本之间有相关性，把它们直接作为Q值网络的输入会导致不好的训练效果，所以人们引入经验回放（Experience Replay），即把训练数据存储在经验池中，用随机采样的方式从经验池中抽取样本，采集得到的样本可能出自智能体的不同运行轨迹，从而降低它们的相关性，这有助于Q值网络的训练。

（二）目标网络

在智能体学习过程中，每次训练都会改变Q值网络的参数，而作为训练标签的目标Q值是Q值网络输出的，变化的参数导致数据的标签不断地改变，这会降低训练的稳定性，因此人们提出目标网络（Target Q-Network）的改进，即用另一个固定的Q值网络输出目标Q值，它不会在训练中被频繁改变，每隔一段时间把当前网络的参数同步给目标网络，以巩固学习结果。

下图展示了改进后Deep Q-Network算法的训练过程。

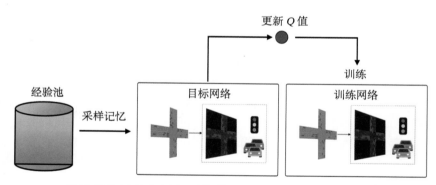

使用经验回放和目标网络的 Deep Q-Network 训练过程

延伸阅读

Deep Q-Network智能体在Atari游戏中击败人类

2013年，位于伦敦的DeepMind发表了一篇训练强化学习玩Atari游戏的著名论文。作者向大家展示了使用Deep Q-Network的强化学习智能体在只接收屏幕像素作为状态，以游戏分数作为奖励的情况下，成功地学会玩2 600个不同的Atari游戏，并在其中一些游戏中取得超越人类的惊人成绩。更了不起的是，该智能体在相同的算法和网络结构下，在这些规则和内容各异的Atari游戏中普遍取得优异的成果。

第十八章　智能红绿灯的代码实现

本章我们将基于CityFlow模拟器，使用Deep Q-Network算法，实现智能红绿灯。

一、设计框架

在用代码实现智能红绿灯时，可通过将环境与智能体分别封装为类，并把它们各自需要具备的功能编写成方法，以使得代码逻辑清晰、便于维护。

在具体着手编写代码之前，可先明确名为TrafficEnv的交通环境类与名为DQNAgent的智能体类需要实现哪些功能。

TrafficEnv是红绿灯所处的交通环境，它包含了CityFlow模拟器，该模拟器可作为数据成员，能给出当前时刻、分数（车辆平均行驶用时）及当前路况的基本信息。在此基础上，TrafficEnv还负责向智能体提供决策所需的一切信息，它的类内方法可以提取智能体当前所处的状态，应用智能体选择的红绿灯设置，计算智能体决策的奖励。

DQNAgent是使用Deep Q-Network算法的智能体。除了根据状态选择动作外，它还需要实现创建Q值网络，存储训练样本，训练Q值网络等功能。

（想动手实践的你可先前往https://github.com/boyuai/textbook下载CityFlow模拟器和交通数据，然后在github仓库的项目说明中学习模拟器的使用方式，以及如何使用网页前端来查看模拟器中车辆的实际运行情况。）

（一）导入必要的库

- cityflow：为智能信号灯提供环境的交通模拟器。
- random：python内置的随机函数库。
- numpy：python中用于处理各种数值计算的库。
- deque：python内置的双端队列数据结构。
- keras：用于创建神经网络模型。

```
import cityflow
import random
import numpy as np
from collections import deque

# 如果没有安装 keras 和 tensorflow 库
# 请使用 pip install keras tensorflow 安装
from keras.models import Model, load_model
from keras.layers import Input, Dense, Multiply, Add, concatenate
from keras.optimizers import RMSprop
from keras.engine.topology import Layer
from keras import backend as K
```

（二）明确环境与智能体类预设的参数和环境信息

```python
class TrafficEnv:
    def __init__(self):
        """
        创建环境，配置道路环境信息。
        """
        # 使用2x2的"井"字形路网环境
        config = "data/2x2/config.json"
        # 创建CityFlow模拟器
        self.eng = cityflow.Engine(config, thread_num=4)
        # 存储十字路口的当前红绿灯状态
        self.cur_phase = {
            'intersection_1_2': 0,
            'intersection_1_1': 0,
            'intersection_2_1': 0,
            'intersection_2_2': 0
        }
        # 声明各个十字路口联结的四条道路
        self.lanes_dict = {
            'intersection_1_2': [
                "road_2_2_2",
                "road_1_3_3",
                "road_0_2_0",
                "road_1_1_1"
            ],
            'intersection_1_1': [
```

```
                "road_1_2_3",
                "road_0_1_0",
                "road_1_0_1",
                "road_2_1_2"
            ],
            'intersection_2_1': [
                "road_1_1_0",
                "road_2_0_1",
                "road_3_1_2",
                "road_2_2_3"
            ],
            'intersection_2_2': [
                "road_2_1_1",
                "road_3_2_2",
                "road_2_3_3",
                "road_1_2_0"
            ]
        }
```

```python
class DQNAgent:
    # 声明智能体的状态所需包含的数据特征的名称和维度
    feature_list = [
        ('num_of_vehicles', 12),
        ('num_of_waiting_vehicles', 12),
        ('cur_phase', 1)
    ]


    def __init__(self, num_phases):
        # 红绿灯可用的状态数是该智能体的可选参数，本实验中有9个状态
        self.num_phases = num_phases
        # 折损因子
        self.gamma = 0.9
        # 开始训练的最小经验池容量
        self.training_start = 256
        # 创建Q值网络和目标网络，用q_bar_outdated作为同步计数器
        self.q_network = self.build_network()
        self.target_q_network = self.build_network()
        self.q_bar_outdated = 0
        # 初始化经验池
        self.memory = deque(maxlen=1024)
        self._update_target_model()
```

二、快速实现

通过下面这段简短的代码来学习如何使用它们，从而在大局上把握强化学习的主要逻辑，巩固对这两个类的功能的理解，为类方法的学习和应用打下铺垫。

```python
def intelli_traffic():
    # 创建智能体
    deeplight = DQNAgent(num_phases=9)
    num_epoch = 5
    num_step = 4096

    # 进行num_epoch轮训练
    for epoch in range(num_epoch):
        # 创建交通环境
        env = TrafficEnv()
        # 每次训练持续num_step个时间单位
        for i in range(num_step):
            # 获取四个十字路口的当前状态，存放在字典中
            state_dict = env.get_observation()

            # 智能体分别观察各个路口的状态，调控相应的信号灯设置
            action_dict = {}
            for intersection, state in state_dict.items():
                # 在前三轮使用epsilon greedy策略进行探索，之后使用greedy策略以求表现
                action = deeplight.choose_action(state, epoch > 3)
                action_dict[intersection] = action

            # 智能体做出动作，时间流逝一个单位，路口交通进行状态转移，并为智能体提供奖励
            reward_dict = env.take_action(action_dict)

            # 智能体观察下一步的状态
            next_state_dict = env.get_observation()

            # 将与环境交互的历史信息(s, a, r, s')存储在记忆池中
            for intersection in state_dict.keys():
                deeplight.remember(state_dict[intersection],
                                   action_dict[intersection],
                                   reward_dict[intersection],
                                   next_state_dict[intersection])

            # 智能体回顾记忆池中的信息，进行学习
            deeplight.train_network()
```

```
          # 每隔若干轮学习同步目标网络
          deeplight.synchronize_target_network()
          # 输出训练信息
          if i % 100 == 0:
              print("epoch: {}, time_step: {}, score {:.4f}".format(epoch,
i, env.get_score()))
      # 保存模型
      deeplight.save_model("model_{0}".format(epoch))
```

三、观测状态

在马尔可夫决策过程一章中，我们了解到智能体的状态是由汇入车道的特征和当前红绿灯状态共同组成的。下图展示了CityFlow模拟器里交通路口的样式——一个红绿灯路口拥有上下左右4条驶入的道路，每条道路包含有左转、直行、右转3条车道，因此共有12条汇入路口的车道。

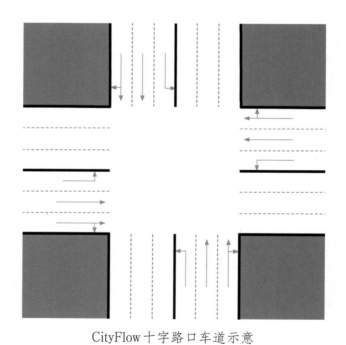

CityFlow十字路口车道示意

在代码实现中，状态由名为State的类来实现，它将组成状态的一系列道路数据特征清晰地封装起来。

```
class State(object):
    """
    定义一个路口的交通状态
```

```python
    """

    def __init__(self, num_of_vehicles, num_of_waiting_vehicles, cur_phase):
        # 12条车道上正在运行的车辆数
        self.num_of_vehicles = num_of_vehicles
        # 12条车道上等待的车辆数
        self.num_of_waiting_vehicles = num_of_waiting_vehicles
        # 当前信号灯状态。信号灯有9种可能的状态，我们用0-8的9个整数来表示
        self.cur_phase = cur_phase
```

了解状态的定义后，再学习TrafficEnv如何观测当前交通状态。注意，因为1条道路包含左转、直行、右转3条车道，因此我们使用_get_sublanes函数来帮助获取道路对应的车道。

```python
def _get_sublanes(self, lanes):
    """
    获取道路对应的车道
    举例而言，道路road_1_2_3对应的三条车道为road_1_2_3_0, road_1_2_3_1,
road_1_2_3_2
        参数说明：
            道路列表
        返回值说明：
            获取每条道路对应的三条车道，将它们存放在一个新列表中返回
    """
    sublanes = []
    for lane in lanes:
        for i in range(3):
            sublanes.append(lane + "_{0}".format(i))
    return sublanes

def get_state(self, lane_list, cur_phase):
    """
    获取一个十字路口的交通状态
    参数说明：
        lane_list: 由通向该路口的4条道路的名字组成的列表
        cur_phase: 该路口当前的红绿灯状态
    返回值说明：
        返回一个State类的实例作为该路口的状态
    """
    lane_vehicle_count = self.eng.get_lane_vehicle_count()
    lane_waiting_vehicle_count = self.eng.get_lane_waiting_vehicle_count()

    num_of_vehicles = []
    num_of_waiting_vehicles = []
```

```
    # 遍历4条道路对应的12条车道
    for sublane in self._get_sublanes(lane_list):
        # 将12条车道对应的车辆数和等待车辆数存放在列表中
        num_of_vehicles.append(lane_vehicle_count[sublane])
        num_of_waiting_vehicles.append(lane_waiting_vehicle_count[sublane])

    # 创建该路口的状态实例
    return State(
        num_of_vehicles=num_of_vehicles,
        num_of_waiting_vehicles=num_of_waiting_vehicles,
        cur_phase=cur_phase
    )

def get_observation(self):
    """
    调用get_state函数，分别获取对2×2环境中的每个路口的状态
    """
    state_dict = {}
    for intersection, lanes in self.lanes_dict.items():
        state_dict[intersection] = self.get_state(lanes,
self.cur_phase[intersection])
    return state_dict
```

四、选择动作

在拥有了TrafficEnv提供的状态后，我们自然地好奇智能体是如何通过状态选择动作的。智能体在训练的过程中使用 ε-greedy 的策略。在下面的代码中，智能体首先将当前的状态 state 转化为当前状态下各个动作对应的 Q 值，随后在大多数情况下选择拥有最大 Q 值的动作，从而最大化回报，在少数情况下会随机选择动作，从而探索未知的状态，期待着能够发现新的优秀策略。我们也可以通过将 greedy 参数置为 True 来选择纯贪心的策略。

注意，State 类不能直接作为 Q 值网络的输入，需要使用 convert_state_to_input 函数来进行数据格式的转换。

```
def convert_state_to_input(self, state):
    """
    提取状态内作为数据特征的类成员属性，组成一个numpy列表，以作为Q值网络的输入
    """
    return [np.array(getattr(state, name)) for name, _ in self.feature_list]

def choose_action(self, state, greedy=False):
```

```
        """
        智能体根据状态选择动作
        """
        # 调整输入状态以符合Q值网络的输入格式
        state = self.convert_state_to_input(state)
        state = [np.reshape(state_feature, newshape=[1, -1]) for state_feature in
state]

        # 通过Q值网络取得当前状态下各个动作的Q值
        q_values = self.q_network.predict(state)

        if (not greedy) and random.random() <= 0.01:
            # 使用epsilon-greedy策略下的随机动作选择
            action = random.randrange(len(q_values[0]))
        else:
            # 贪心策略，选择Q值最大的动作
            action = np.argmax(q_values[0])
            return action
```

五、施加动作

交通状态的环境因智能体选择的动作而发生转变，与此同时，环境也为智能体的行为提供奖励，这奖励反映了环境变化的好坏，是对智能体行为的反馈。注意，需要分别记录施加动作前后的交通状态，来为奖励的计算提供信息。

```
def take_action(self, action_dict):
    """
    对环境施加已选的动作，计算随之带来的奖励
    参数说明：
        action_dict是智能体为四个路口选定的动作，它是一个字典，可以通过十字路口的名称来索引
红绿灯状态的序号
    返回值说明：
        返回reward_dict，是智能体在四个路口分别获得的奖励，数据结构与action_dict相同
    """

    reward_dict = {}
    # 记录状态转移前交通状态
    last_state = self._record_traffic_state()

    # 设置信号灯状态
    for intersection, action in action_dict.items():
```

```
        self.eng.set_tl_phase(intersection, action)
        self.cur_phase[intersection] = action

    # 时间流逝, 交通环境转移到下一步
    self.eng.next_step()
    # 记录状态转移后交通状态
    cur_state = self._record_traffic_state()

    # 为每个十字路口计算奖励
    for intersection in action_dict.keys():
        reward_dict[intersection] =
self.calculate_reward(self.lanes_dict[intersection], last_state, cur_state)

    return reward_dict
```

六、计算奖励

为了达到提升交通效率的任务目标, 我们将奖励设计为: 每辆经过路口的车辆带给智能体 +1 的奖励, 每辆在路口等待的车辆带来 –0.25 的惩罚。因此需要记录每条车道上运行的车辆数, 以及运行的车辆的具体名称作为奖励计算的依据。

```
def calculate_reward(self, lane_dict, last_state, cur_state):
    """
    对某十字路口, 通过状态转移前后的交通状态差异来计算奖励
    参数说明:
        lane_dict: 由通向该路口的4条道路的名字组成的列表
    """
    reward = 0
    # 遍历每条车道sublane
    for sublane in self._get_sublanes(lane_dict):
        # 对当前状态等待的每艘车辆施加0.25惩罚
        reward += cur_state[0][sublane] * (-0.25)
        vehicle_leaving = 0
        for vehicle in last_state[1][sublane]:
            if not vehicle in cur_state[1][sublane]:
                # 若出现在前一个状态的车辆未出现在当前状态中, 则说明它已经通过路口, 给予智
能体1的奖励
                vehicle_leaving += 1
        reward += vehicle_leaving * 1
    return reward


def _record_traffic_state(self):
```

```
    """
    根据计算奖励的方式来记录相应信息
    """
    return [self.eng.get_lane_waiting_vehicle_count(),
self.eng.get_lane_vehicles()]
```

七、训练 Q 值网络

在智能体接收到环境反馈的奖励后，训练便开始了。

智能体训练 Q 值网络的过程如下：首先，智能体会将同环境交互的信息存储在经验池中。然后在训练时，从经验池中随机抽取若干状态转移，通过 Deep Q-Network 的更新公式，用目标网络为状态转移计算目标 Q 值，并把目标 Q 值作为 Q 值网络的训练标签。其间，要注意维护目标网络与 Q 值网络的同步。

```
def train_network(self):
    """
    采样经验，计算目标Q值，训练Q值网络
    """
    # 当经验池容量过小时不进行训练
    if (len(self.memory) < self.training_start):
        return

    # 随机采样经验池中的历史交互数据(s,a,r,s')
    sampled_memory = self._sample_memory()

    # 计算目标Q值，作为Q值网络的训练标签
    # 对采样的数据进行格式转换。将一批训练数据(s,a)堆叠成X，并让标签Y与之对应，整理为训练数据X与训练标签Y的格式
    X, Y = self.get_training_sample(sampled_memory)

    # 增加目标网络的同步计数器
    self.q_bar_outdated += 1
    # 训练Q值网络
    self._fit_network(X, Y)
```

这一部分的关键是计算目标 Q 值，生成训练标签的过程，主要的难点在于数据格式的转换。

神经网络的一次训练是对一批训练数据同时做计算与更新。Q 值网络是用 Keras 实现的，

它要求每个输入节点的数据格式从列表转换为numpy数组，并且将一批训练数据堆叠在numpy数组的第0号维度上。

让我们了解目前拥有的经验池中数据的格式，每一份“经验”的内容是形如(s, a, r, s')的状态转移，它们以列表的形式被存放着。

```
def remember(self, state, action, reward, next_state):
    """
    智能体将状态转移存放在经验池中
    """
    self.memory.append([state, action, reward, next_state])
```

下面的函数在经验池中随机采样经验，用以训练。

```
def _sample_memory(self):
    """
    随机采样用于训练的经验
    """
    sample_size = min(len(self.memory), 256)
    sampled_memory = random.sample(self.memory, sample_size)
    return sampled_memory
```

我们将用到一个特殊的python语法 —— list（zip（*memory_slices））。以存放着同学姓名与年龄的列表为例：name_age_list =[['小明', 12], ['小芳', 13], ['小华', 11]]，经过list（zip（*name_age_list））的操作后，分别得到姓名与年龄的两个列表[['小明', '小芳', '小华'], [12, 13, 11]]。类似的道理，在这里我们把经验池中的一列状态转移展开，分别得到状态、动作、奖励、下一个状态的列表。注意，两个状态列表中的数据仍然是State类型，需要继续把它转换成numpy数组。

```
def get_training_sample(self, memory_slices):

    # 将一批记忆(s, a, r, s')的展开为s, a, r, s'，将它们解压缩为若干列表，
    [state_list, action_list, reward_list, next_state_list] =
list(zip(*memory_slices))

    # 将state_list与next_state_list中的每一个状态从State类型转换成列表类型
    state_input_list = [self.convert_state_to_input(state) for state in
state_list]
```

```
        next_state_input_list = [self.convert_state_to_input(next_state) for
next_state in next_state_list]

        # 再次进行解压缩操作，所得到的state_input是一个有三个元素的列表，其中三个元素是三个
状态特征的列表，
        # 它们分别存放着车道车辆数、车道等待车辆数、当前信号灯状态
        state_input = list(zip(*state_input_list))
        next_state_input = list(zip(*next_state_input_list))

        # 将三个状态特征列表转换为numpy数组，以便作为输入供给Q值网络
        X = [np.array(state_feature) for state_feature in state_input]
        X_next = [np.array(state_feature) for state_feature in next_state_input]

        # 分别用目标网络和当前网络输出新老状态的Q值，用于计算目标Q值
        target = self.q_network.predict(X)
        bootstrap = self.target_q_network.predict(X_next)

        # 通过Deep Q-learning的更新公式，计算目标Q值，作为训练数据的标签
        for i in range(target.shape[0]):
            target[i][action_list[i]] = reward_list[i] + self.gamma *
np.amax(bootstrap[i])
        Y = np.array(target)
        # 返回训练输入和标签
        return X, Y
```

从完整性考虑，这里顺带说明用Keras训练Q值网络以及更新目标网络的过程。

```
def _fit_network(self, X, Y):
    """
    训练Q值网络
    """
    epochs = 3
    batch_size = min(32, len(Y))
    self.q_network.fit(X, Y, batch_size=batch_size, epochs=epochs,
verbose=False)

def synchronize_target_network(self):
    """
    同步目标网络。每20次训练将目标网络与Q值网络同步，并重置目标网络计数器
    """
    if self.q_bar_outdated >= 20:
        self._update_target_model()
        self.q_bar_outdated = 0
```

八、剖析网络结构

现在我们可以探讨一下 Q 值网络的结构。

如下图所示，Q 值网络将智能体的状态——两个车道特征和路口红绿灯设置作为输入，输出所有可选动作的 Q 值。

我们观察到在路口红绿灯状态不同的情况下，智能体的红绿灯调度策略也应当相应调整，并且倘若仅仅将当前红绿灯状态作为输入状态的一维，它可能没有足够的能力去充分影响网络的 Q 值输出，导致模型无法有效拟合动作值函数，因此在模型中使用状态选择器来应对这个问题。

状态选择器的意思是为每个红绿灯状态创建一个独立的网络，每次选择输入红绿灯状态所对应的网络进行输出。具体来说，输入的状态先经过一层共享全连接层对输入进行特征提取，再创建各自的从提取后的特征到动作Q值的独立全连接层，最终选取输入红绿灯状态所对应的独立全连接层的结果进行输出。

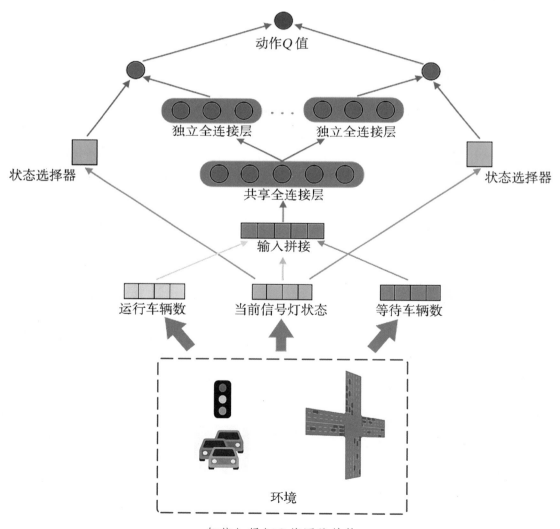

智能红绿灯Q值网络结构

```python
def build_network(self):
    """
    使用Keras搭建Q值网络
    """
    # 为每个状态特征创建输入节点
    input_node_dict = {}
    for name, dimension in self.feature_list:
        input_node_dict[name] = Input(shape=[dimension])

    # 将智能体的输入状态的多种特征拼接为一长条向量
    flatten_feature_list = [input_node for input_node in
input_node_dict.values()]
    flatten_feature = concatenate(flatten_feature_list, axis=1)

    # 通过一层全连接神经网络进行特征提取
    shared_dense = Dense(20, activation="sigmoid")(flatten_feature)
    selected_q_values_list = []
    for phase in range(self.num_phases):
        # 为每个当前信号灯状态分别构建独立的全连接层，将第一层全连接提取到的特征关联至输出动
作的Q值
        separate_hidden = Dense(20, activation="sigmoid")(shared_dense)
        q_values = Dense(self.num_phases, activation='linear')
(separate_hidden)

        # 信号灯状态选择层，Q值网络只会输出当前信号灯状态所对应的独立全连接层的输出
        # 当phase与输入节点cur_phase对应同一个信号灯状态时，selector为1，否则为0
        selector = Selector(phase)(input_node_dict['cur_phase'])

        # 同样的，当phase与cur_phase相同时，selected_q_values与输出Q值q_values相
同，否则为0
        selected_q_values = Multiply()([q_values, selector])
        selected_q_values_list.append(selected_q_values)

    # 通过将选择后的Q值相加，来达到只选择当前状态对应的Q值的效果
    q_values = Add()(selected_q_values_list)

    network = Model(inputs=[input_node_dict[name] for name, _ in
self.feature_list], outputs=q_values)
    network.compile(optimizer=RMSprop(lr=0.001), loss="mean_squared_error")

    return network
```

为了实现 Q 值网络，我们使用Keras自定义了名为Selector的层。

```
class Selector(Layer):
    """
    状态选择层
    功能说明：
        若select与输入x相同，则输出1，否则输出0，其中select是创建该层时需要给定的参数
    """
    def __init__(self, select, **kwargs):
        super(Selector, self).__init__(**kwargs)
        self.select = select
        self.select_neuron = K.constant(value=self.select)

    def build(self, input_shape):
        super(Selector, self).build(input_shape)

    def call(self, x):
        return K.cast(K.equal(x, self.select_neuron), dtype="float32")

    def compute_output_shape(self, input_shape):
        return input_shape
```

九、结果展示与讨论

我们将强化学习智能体的红绿灯调度与其他多种调控方法进行了对比。对每个调控方法，将它应用到2×2的道路场景中运行一轮，持续4 000个单位时间，每隔100个单位时间采集当前车辆行进的平均用时，最终将各个方法的表现绘制成下图。

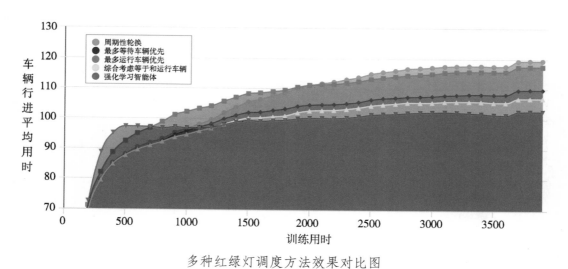

多种红绿灯调度方法效果对比图

从上图可以看到，进行周期性轮换，即让每种红绿灯状态维持同样的时间间隔是效果不佳的方法，延长了车辆的平均通行时间。在使用实时路况信息的调控策略中，基于规则的方

法可以优先放行具有最多等待车辆数或是最多运行车辆数的车道，通行效率得到了改善。而实验表明，使用强化学习的红绿灯调度取得了最小平均通行时间，从下图更能看出，智能体可以灵活考虑多变的路况，更好地提升通行效率。

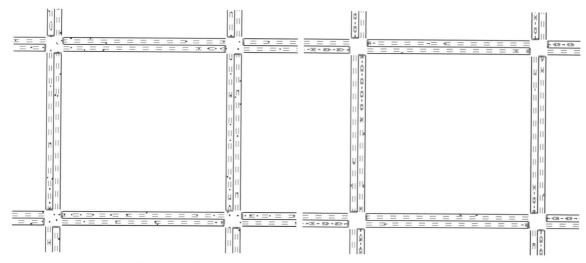

智能体红绿灯调度下流畅的运行与周期性轮换调度导致的拥堵

智能红绿灯不仅在测试阶段表现优秀，它还能够快速地从环境中学习调控策略。从下图可以看到，一个从未学习的智能体在第一轮蓝色的训练中习得的策略，就足以在第二轮绿色的训练中取得接近最优的表现，这样迅捷的学习速度能够帮助智能体适应多变的交通路况。

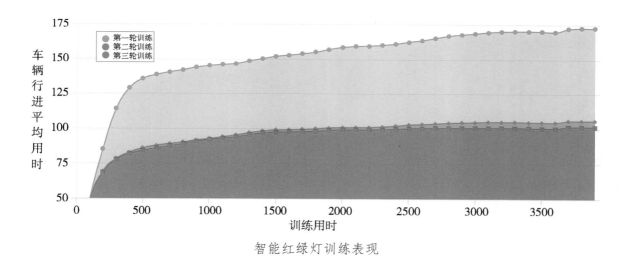

智能红绿灯训练表现

本部分小结

本部分依次引入红绿灯调度的问题背景，对强化学习及其基本概念作了简要介绍，由浅入深地学习了 Q-learning 和 Deep Q-learning 两个经典算法，最终在编程实践中基于 CityFlow 模拟器实现了智能信号灯。由于篇幅限制，强化学习的诸多内容无法一一展开，希望通过本部分的学习，激发你对强化学习的兴趣，在课外积极拓展，同时也要注重亲自动手编程实现，进一步加深理解。

结语

太棒了！恭喜你读完了本书。这意味着你已经对人工智能应用有了更深入的了解。你接触了5个有趣的人工智能项目，了解了许多人工智能领域的著名算法，并揭开了这些算法的神秘面纱，能够了解它们的原理，还能自己编写代码实现。希望这本书能够让你体验到人工智能的趣味与神奇，并对它产生兴趣。如果想要了解更多其他有趣的应用，欢迎访问本书配套实验平台 www.boyu.ai/playground。平台上会不定时更新更多的应用供你体验，你和伙伴们可以阅读相应的代码，甚至更改代码创造自己的人工智能算法。

本书作为青少年人工智能实践入门书籍，更多地侧重于每个项目的必备知识及代码实现，但还有许多其他知识没有涉及。若对这个领域感兴趣，建议你去阅读本系列丛书的第三册《人工智能技术入门：让你也看懂的AI"内幕"》，你将会对人工智能知识有一个更系统的了解。

除了本套丛书，人工智能领域中还有许多讲解更深入的教材和教程。当你掌握了扎实的数学基础后，可以尝试接触高级算法，实现更难的任务，甚至尝试改进算法。人工智能领域的发展非常迅速，每年都会有大量的新算法出现、大量的新任务被攻克，希望你多思考多练习，未来可以成为新算法的发明者，解决更多有趣、有意义的问题！

最后，非常感谢你阅读本书，希望你有所收获！

附录一 "思考与实践"解答参考

1.1 RGB图像中每个像素需要3个数字表达，100×100的RGB图像需要100×100×3=30 000个数字。

1.2 还可以存储透明度信息。比如常见的PNG格式的图片，就包含了每个像素的RGB颜色信息和透明度。

1.3 能。一张灰度图可以被表示为一个形状为（长，宽，1）的三阶张量，通道数为1。事实上，一个形状为$(x, y, 1)$的三阶张量与形状为(x, y)的矩阵是等价的。但是在某些程序中，输入图像要求用三阶张量而非矩阵表示，在后面的代码实践会遇到。

2.1 见2.4 K近邻算法的缺点中的第二项。

3.1 （1）对图像色彩对比度、亮度变换；（2）裁剪图片；（3）对图片的值加上噪声扰动。

6.1 增大内容权重，生成图片会更多地保留内容图片的内容。增大风格权重，生成图片的风格化就愈发浓郁。

6.2 采用梯度下降算法，收敛速度较慢，损失在下降过程中会伴随有一定幅度的振荡。采用Adam收敛速度较快，损失稳步下降。Adam的效果优于梯度下降，与L-BFGS相当。

6.3 可以将目标图片初始化为内容图化。这种初始化方法的效果比随机初始化更好。

7.1 颜色最容易被学习到，纹理其次，几何形状最难学到。

7.2 （a）可行；（b）可行；（c）效果一般，颜色和纹理可以转换，形状比较困难；（d）不可行，猫和狗形状差异过大；（e）不可行，因为毕加索的绘画大多牵涉到形状的变换。

7.3 首先循环一致性损失占的比重较大。在这种情况下，反色两次之后恢复出来的图像与原图差异不大，并不能产生较大的循环一致性损失。解决方法可参考：https://ssnl.github.io/better_cycles/report.pdf

8.1 这里所说的统计语言模型有一个很直观的缺陷——当前词的概率仅与之前的词有关，事实上在实际的语言中，上下文都是重要的语境，这一点大家做英语语法填空题的时候就可以感受到。比如说动词的时态，很多时候决定性的时间状语可能出现在动词之后。

9.1 n较大：能够包含更多的语境信息，但是在语料库中出现的频率较低。n较小：在语料库中出现的频率较高，但是语境信息不足。

10.1 编程实践。一般来说，长短期记忆的训练时间更长一些，因为计算复杂。

13.1 本题为开放性问题，这里提供一种可能的思路：将双方下一步可以落子的位置数目和覆盖面积进行加权综合。

13.2　编程实践，略。

13.3　较早地搜到更好（差）的子结点会直接最大（最小）化当前节点的估值，也就能更早地满足Alpha-Beta剪枝的触发条件。由于我们按照深度优先的顺序进行搜索，一旦在比较浅的层数剪掉了一个节点，最后总的搜索数目将会有指数级的减少。

13.4　首先要明确，置换表的不精确来自于哈希函数可能的冲突。假如我们对冲突置之不理，就可能使得某些局面从置换表中索引到错误的估值，进而可能影响搜索算法的剪枝效率。因此，需要在处理冲突和搜索效率间寻找平衡。通常情况下，这个平衡会允许置换表有一定的不精确性。

13.5　蒙特卡罗树搜索算法所扩展的搜索树是极不平衡的，模拟胜率较高的结点被扩展得更深。这是置信上界选择的结果，在文中已有详细说明。

13.6　编程实践，略。

15.1　随着由1变小，智能体逐渐变得"贪心短视"，更注重于短期利益；反之当增大时，它会趋于深谋远虑，更多考虑未来的期望收益。

16.1　探索就是鼓励智能体去尝试不熟悉的动作。因此我们可以记录所有动作被采取的次数，综合考虑待选动作的Q值和被采取次数，其中待选动作的Q值越高或是被采取的次数占比越低，越容易被智能体选择，这叫做置信上界（Upper Confidence Bound）方法。另外，还可以将所有的Q值函数初始化为一个很大的数值，这样智能体起初会因为过高的初始Q值而遍历尝试所有的动作，随后尝试过的动作的价值会被更新为合理值，这叫做乐观初始值方法。

16.2　以游戏为例，游戏的规则是智能体的环境模型，比如说会下围棋的AlphaGo就是基于模型的强化学习的典型实例。

附录二　参考文献

［1］ LeCun, Yann, Corinna Cortes, and C. J. Burges. "MNIST handwritten digit database." AT&T Labs［Online］. Available：http://yann. lecun. com/exdb/mnist 2（2010）：18.

［2］ Deng, Jia, et al. "Imagenet：A large-scale hierarchical image database." 2009 IEEE conference on computer vision and pattern recognition. Ieee, 2009.

［3］ Krizhevsky, Alex, Ilya Sutskever, and Geoffrey E. Hinton. "Imagenet classification with deep convolutional neural networks." Advances in neural information processing systems. 2012.

［4］ Simonyan, Karen, and Andrew Zisserman. "Very deep convolutional networks for large-scale image recognition." arXiv preprint arXiv：1409.1556（2014）.

［5］ Taigman, Yaniv, et al. "Deepface：Closing the gap to human-level performance in face verification." Proceedings of the IEEE conference on computer vision and pattern recognition. 2014.

［6］ Sun, Yi, Xiaogang Wang, and Xiaoou Tang. "Deep learning face representation from predicting 10,000 classes." Proceedings of the IEEE conference on computer vision and pattern recognition. 2014.

［7］ Silver, David, et al. "Mastering the game of Go with deep neural networks and tree search." nature 529.7587（2016）：484.

［8］ Gatys, Leon A., Alexander S. Ecker, and Matthias Bethge. "A neural algorithm of artistic style." arXiv preprint arXiv：1508.06576（2015）.

［9］ Zeiler, Matthew D., and Rob Fergus. "Visualizing and understanding convolutional networks." European conference on computer vision. springer, Cham, 2014.

［10］ Zhu, Jun-Yan, et al. "Unpaired image-to-image translation using cycle-consistent adversarial networks." Proceedings of the IEEE international conference on computer vision. 2017.

［11］ He, Kaiming, et al. "Deep residual learning for image recognition." Proceedings of the IEEE conference on computer vision and pattern recognition. 2016.

［12］ Sutskever, Ilya, Oriol Vinyals, and Quoc V. Le. "Sequence to sequence learning with neural networks." Advances in neural information processing systems. 2014.

［13］ Hochreiter, Sepp, and Jürgen Schmidhuber. "Long short-term memory." Neural computation 9.8（1997）：1735-1780.

［14］ Mikolov, Tomas, et al. "Distributed representations of words and phrases and their compositionality." Advances in neural information processing systems. 2013.

［15］ Schwalbe, Ulrich, and Paul Walker. "Zermelo and the early history of game theory." Games and economic behavior 34.1（2001）: 123−137.

［16］ Zhang, Huichu, et al. "CityFlow: A Multi−Agent Reinforcement Learning Environment for Large Scale City Traffic Scenario." The World Wide Web Conference. ACM, 2019.

［17］ Zaidi, Ali A., Balázs Kulcsár, and Henk Wymeersch. "Back−pressure traffic signal control with fixed and adaptive routing for urban vehicular networks." IEEE Transactions on Intelligent Transportation Systems 17.8（2016）: 2134−2143.

［18］ Liang, Xiaoyuan, et al. "Deep reinforcement learning for traffic light control in vehicular networks." arXiv preprint arXiv: 1803.11115（2018）.

［19］ Mnih, Volodymyr, et al. "Human−level control through deep reinforcement learning." Nature 518.7540（2015）: 529.

［20］ Wei, Hua, et al. "Intellilight: A reinforcement learning approach for intelligent traffic light control." Proceedings of the 24th ACM SIGKDD International Conference on Knowledge Discovery & Data Mining. ACM, 2018.